KB094501

글 김주창 | 그림 방상호

기하 왕국의 규칙에 담긴 비밀

㈜자음과모음

차례

수학, 과학 첫 수업 시간에 저는 아이들에게 항상 "수학은 왜 배울까?", "과학은 왜 배울까?"라는 질문을 던집니다. 그러면 많은 아이들이 "모른다."거나 "교과목의 하나이니 어쩔 수 없이 배운다."라고 대답합니다.

여러분도 대부분 같은 대답을 할 거라 생각합니다. 그럼 왜 이런 생각들을 할까요?

수학이나 과학에 대한 고민이나 연구 없이 암기 과목처럼 외웠기 때문일 것입니다. 수학과 과학은 우리 주변의 모든 것을 설명할 수 있으며, 두 학문은 서로 무척이나 많은 공통점과 연관성을 가지고 있습니다.

고대 그리스나 중세 시대의 유명한 학자들은 대부분 수학자이면서 과학자입니다. 여러분이 잘 알고 있는 아르키메데스, 갈릴레이, 뉴턴 등이 모두 수학자이자 과학자이지요.

목욕탕에서 넘치는 물을 보고 "유레카!"라고 외치면서 부력을 발견했다는 일화로 잘 알려진 아르키메데스, 그는 과학뿐만 아니라 수학을 너무 좋아했습니다. 아르키메데스의 죽음에 대한 일화를 보면 그가 수학을 얼마나 좋아했는지 알 수 있을 거예요. 아르키메데스가 모래밭 위에 원을 그리면서 수학 문제에 몰두하고 있을 때 로마군들이 모래밭의 원을 밟자, 밟지 말라고 소리쳤대요. 이에 화가 난 로마군이 아르키메데스를 죽였다고 합니다.

나무에서 떨어지는 사과를 보고 만유인력을 발견한 뉴턴의 경우도, 우주에 관련된 연구를 하다가 수학에서 중요한 미분의 개념을 정리하게 됩니다.

이처럼 여러 학자들은 자신의 사고 발달을 위해 과학과 수학에 관한 여러 문제에 도전하고, 그 문제를 풀어 가는 과정 자체를 즐겼습니다.

여러분도 이 학자들처럼 수학과 과학을 즐겁게 할 수는 없을까요? 저는 분명 그런 방법이 있다고 생각합니다. 수학자가 즐겁게 수학을 했던 것처럼, 과학자가 과학에 대해 고민했던 것처럼 따라 해 보면 그 즐거움을 알게 되지 않을까요? 또 이렇게 하다 보면 여러분도 우리가 배우는 수학, 과학이 서로 다른 학문이 아니고 연관성이 많다는 것을 알게 될 것입니다.

저는 여러분이 이 책을 읽으면서 수학, 과학의 단순한 지식을 아는 것을 목적으로 하기보다는 실생활 속의 여러 규칙을 생각해 봄으로써, 우리 주변에 대해 흥미를 갖고 수학과 과학 사이의 연관성과 즐거움을 알게 되길 바랍니다.

기하 왕국!
모든 것이 규칙으로 이루어진 세계로, 우리가 살고 있는 세계와 닮은 점이 많은 세계입니다. 기하 왕국의 프랙 왕자가 대한민국의 평범한 초등학생인 리원이와 함께, 규칙을 무너뜨리고 혼돈을 일으키려는 써클 마녀와 패턴 마녀에 대항해서 리원이의 강아지 초롱이, 왕국 수석 마법사 시어핀의 도움을 받아 기하 왕국을 지켜 내려고 합니다.

여러분도 리원이가 되어서 함께 기하 왕국을 지켜 주지 않겠어요?
우리 모두 즐거운 상상의 세계로 출발해 봅시다!

김주창

리원

과학과 수학을 어려워하는 평범한 초등학교 6학년 여자아이. 소극적이고 학교 생활에 흥미를 느끼지 못했지만, 기하 왕국을 다녀온 후 모험심이 강하고 모든 일에 적극적으로 되어 친구들 사이에 '명랑 소녀'로 불리게 된다. '리원'이라는 이름은 아빠가 원리를 찾으라는 의미로 지어 준 것이다.

프랙 왕자

기하 왕국의 21대 왕자로, 기하 왕국의 후계자이다. 기하 왕국이 위험에 처하자 리원이와 함께 써클 마녀의 마법을 물리치고, 기하 왕국을 구해 낸다. 듬직하고, 빠른 판단력을 가지고 있다.

시어핀 마법사

기하 왕국의 수석 마법사. 해박한 지식을 가지고 리원이와 프랙 왕자가 써클 마녀의 마법을 풀 수 있도록 도움을 준다.

초롱이

리원이가 키우던 강아지로, 기하 왕국으로 오면서 말을 하고, 두 발로 걸을 수 있게 된다. 뛰어난 시각과 청각, 후각으로 리원이와 프랙 왕자가 위험에 빠지지 않도록 휘쓴다.

써클 마녀

모든 세상이 둥글게 되기를 바라며, 기하 왕국에 마법을 걸어서 왕국을 무너뜨리려고 한다. 가장 강력한 마법을 사용하는 마녀이다.

여행의 시작

이름은 김리원. 아버지께서 '모든 것의 원리를 찾으라.'는 의미로 '리원'이라고 이름을 지어 주셨다. 몇 달 전 일어난 일이 아니었다면, 지금도 나는 수학을 싫어하는 아주 평범한 초등학교 6학년 여자아이었을 것이다.

나를 변화시킨 '그 사건'은 무더위가 시작되는 5월 말의 어느 날에 일어났다.

월요일 아침이었다. 따사로운 아침 햇살이 내 방 창문을 비추고 있었다. 하지만 학교에 가기 싫은 나는 침대에서 이불을 뒤집어쓰고 뒹굴고 있었다.

'공부는 누가 만든 거지? 정말 학교가 싫다······.'

"리원아! 빨리 일어나서 세수하고 밥 먹고 학교 가야지. 그렇게 꾸물거리다가 늦겠다."

엄마의 목소리에 어쩔 수 없이 일어나 세수를 하고 아침밥을 먹기 위해 식탁에 앉았다.

"리원아, 무슨 일 있니? 표정이 어두운데?"

아빠가 걱정스러운 듯 물었다.

"아니에요……."

나는 머뭇거리다 말을 꺼냈다.

"아빠, 공부는 왜 하는 거예요? 어렵고 힘들기만 하고……."

"음. 공부라는 건 우리 주변에 있는 것들을 더 잘 이해하기 위해서 하는 거야. 우리 리원이는 어떤 과목이 어렵니?"

"수학하고 과학요……."

"네가 수학, 과학을 어려워하는 건 배우는 내용이 우리 실생활이나 주변과 어떤 연관이 있는지 잘 모르기 때문인 것 같은데?"

"우리 주변과의 연관이오?"

"그래. 우리가 사는 세상의 모든 것은 규칙을 가지고 있단다. 그 규칙은 수학, 과학으로 설명할 수 있고."

"무슨 말인지 잘 모르겠어요……."

"이러다가 모두 늦겠어요. 나머지 이야기는 저녁에 하고, 얼른 아침부터 드세요."

나는 서둘러 아침밥을 먹고 집을 나섰다. 학교 가는 길에 서경이와 경원이가 뒤에서 부르는 소리가 들렸다. 내 단짝 친구들이다.

"리원아! 같이 가자."

"안녕! 애들아, 모두 좋은 주말 보냈니?"

"안녕! 리원아, 너는 주말에 뭐 했어?"

기하 왕국의 규칙에 담긴 비밀

"나는 주말에 시골 할머니 댁에 다녀왔어. 거기 가니까 지금까지 못 보던 식물들이 많더라. 신기했어."

"할머니 댁이 시골이구나. 우리 할머니 댁은 서울이라 우리 집과 별로 다르지 않은데……. 부럽다."

서경이가 부러운 눈초리로 말했다.

"리원아, 서경아! 둘이 이야기하다가 학교 늦겠다. 얼른 가자. 우리 누가 먼저 정문까지 가는지 내기할까?"

"좋아!"

"준비, 땅!"

우리 셋은 학교를 향해 신나게 달렸다. 아침에 우울했던 기분이 친구들을 만나니 조금은 풀리는 것 같았다.

오늘은 월요일. 수학, 과학이 두 시간씩이나 든 날이라 나에게는 영 내키지 않는 날이다.

"오늘 과학 시간에는 잎을 관찰하도록 하겠어요. 선생님이 준비 물로 가지고 오라고 한 식물 잎을 책상 위에 올려놓으세요."

나는 주말에 할머니 댁 근처에서 따 온 여러 식물의 잎을 꺼내 놓았다.

"자, 먼저 모둠별로 잎을 분류할 기준을 세우고, 그 기준에 맞춰 친구들이 가지고 온 잎을 분류해 보세요."

"리원아, 너는 우리에게 없는 여러 가지 잎을 가지고 왔구나. 우리 모둠은 잎이 다양해서 좋다."

"서경아, 리원아! 우리 모둠은 어떤 기준으로 잎을 분류해 볼까?"

경원이가 물었다.

"음. 잎의 모양으로 구분해 보는 건 어떨까?"

"그래, 좋은 생각이야. 그리고 ★ 잎맥 모양 으로도 분류해 볼까? 그물 모양인 잎맥도 있

★ **잎맥**

식물의 잎에 분포 되어 있는 관다발 로, 물과 양분의 이 동 통로이다. 모양 에 따라 나란히맥 과 그물맥으로 나 뉜다.

기하 왕국의 규칙에 담긴 비밀

고, 나란한 모양인 잎맥도 있으니까."

"그래. 우리 모둠은 잎의 모양하고, 잎맥의 모양 두 가지 기준으로 분류해 보자."

우리는 많은 잎들을 우리가 정한 두 가지 기준으로 분류해 보았다. 그리고 다른 모둠과 비교해 보면서 세상에는 여러 모양의 잎이 있다는 것을 배웠다.

그리고 수학 시간이 되었다. 선생님은 칠판에 여러 도형들을 그리고 내게 물었다.

"리원아, 칠판에 여러 도형들이 있어요. 이것들을 과학 시간에 잎을 분류한 것과 같이 어떤 기준을 세워서 분류할 수 있겠어요?"

"음, 일단 삼각형, 사각형, 원으로 나눌 수 있고요……. 그리고……. 잘 모르겠어요."

선생님은 삼각형, 사각형, 원을 설명해 주었다.

삼각형 세 점을 연결한 직선으로 이루어진 평면 도형

사각형 네 점을 연결한 직선으로 이루어진 평면 도형

원 한 점으로부터 일정한 거리에 있는 점들이 모인 평면 도형

"여러 기준이 있는데, 대답해 볼 사람 없나요?"

선생님의 말이 떨어지기 무섭게 여러 친구들이 손을 들었다.

"모서리가 있는 도형과 없는 도형으로 나눌 수 있습니다."

"각이 있는 도형과 없는 도형으로 나눌 수 있습니다."

"입체 도형과 평면 도형으로 나눌 수 있어요."

'아, 다른 아이들은 수학을 잘하는데, 나는 왜 못하는 걸까?'

나는 부끄러워 쥐구멍이 있다면 얼른 숨고 싶었다.

수업이 끝나고 풀이 죽어서 집에 오자 엄마가 내 기분을 파악한 것 같았다.

"리원이, 오늘 학교에서 재미있었니?"

"아니요, 수학 시간에 선생님이 문제를 내셨는데 잘 못 풀어서 창피했어요."

"괜찮아, 리원아. 다음에 잘하면 되지."

"그래, 잘할 때도 있고, 못할 때도 있는 거지."

아빠도 격려해 주었다.

"아빠, 왜 나는 수학을 못하는 거죠? 아빠는 수학과 과학을 다 잘하시는데……. 과학은 그래도 재미있는데, 수학은 정말 어려워요. 과학하고 수학은 왜 그렇게 다른 걸까요?"

"리원아! 수학하고 과학은 다르지 않아요. 너무너무 친한 친구인데⋯⋯."

나는 아빠의 말을 이해할 수 없었다.

"아빠가 오늘 우리 딸을 위해서 선물을 하나 준비했단다. 도형 블록인데, 도형을 붙여서 또 다른 도형을 만들 수 있어. 이걸 가지고 아빠랑 수학 공부를 해 볼까?"

"네⋯⋯."

선물은 좋았지만, 수학 공부를 한다는 생각에 시무룩해졌다.

'난 초롱이랑 노는 게 더 좋은데⋯⋯.'

그래도 아빠가 오래간만에 시간을 내 주는 거라 나는 아빠와 함께 여러 가지 도형들을 만들어 보았다.

아빠는 삼각형을 두 개 붙여서 평행사변형을 만들기도 하고, 삼각형과 사각형으로 사다리꼴을 만들기도 하였다.

"리원아, 이렇게 삼각형 6개를 눙그렇게 붙이면 무슨 도형이 되지?"

"육각형이오."

"음, 그래. 다시 말하면 육각형은 삼각형 6개로 나눌 수도 있단다. 이제 아빠는 일하러 갈 테니 혼자서 더 만들어 봐."

아빠가 나가고 나는 도형을 몇 개 더 만들어 보았다. 그러다 지루해진 나는 도형으로 여러 가지 모양을 만들며 놀았다.

"아, 이제 졸리네. 그만 자러 가야겠다. 초롱아, 가자!"

　하지만 초롱이는 꼼짝도 하지 않고 책꽂이에 꽂혀 있는 책 한 권
을 계속 바라보았다.

　"초롱아! 뭘 그렇게 보는 거야?"

　나는 초롱이가 보고 있는 책을 꺼내 보았다. 그런데 그 책 구석에
내가 방금 전에 만든 삼각형 얼굴을 한 사람이 아주 작게 그려져 있
는 것이었다.

　"와, 신기하네! 이 책 재미있을 것 같은데? 내 방에 가지고 가서
읽어야겠다."

기하 왕국의 규칙에 담긴 비밀

나는 가져온 책을 침대 옆 탁자에 두고 누웠다.

"초롱아, 나랑 같이 자자. 이리 올라와."

나는 초롱이와 잠을 청하였다.

그런데 시간이 얼마 지나지 않아서 갑자기 초롱이가 일어나더니 아까 가져온 책을 보고 짖어대기 시작하였다.

'멍멍멍!'

"초롱아, 밤이 늦었어. 얼른 자야지?"

나는 초롱이의 짖는 소리가 다른 집까지 들릴까 봐 걱정이 되었다.

'멍멍멍!'

그러나 초롱이는 멈추지 않고 계속 짖어댔다.

그때였다. 갑자기 방이 대낮처럼 환해졌다. 깜짝 놀라 침대에서 얼른 일어나 보니, 아까 내가 서재에서 가지고 온 책에서 빛이 나고 있었다. 그리고 빛이 점점 커지면서 사람 모양이 되어 내게 다가왔다.

"안녕! 많이 놀랐지? 나는 기하 왕국의 21대 왕자인 '프랙'이라고 해, 나이는 너랑 같고."

어리둥절해 하는 나를 향해 프랙 왕자는 인사를 건넸다.

"1000년 전부터 우리 기하 왕국이 ⭐ 써클 마녀 때문에 조금씩 변해 가고 있어. 나는 써클 마녀를 물리칠 사람을 찾아서 너희 세계에 오게 되었단다. 우리 왕국이 건설될 때부

⭐ 써클(circle)
원의 영어 표현

터 전해 내려오는 전설에 따르면, 나를 도와줄 사람은 나를 먼저 찾는 사람이라는 거야. 그런데 네가 오늘 저녁에 나를 먼저 찾아 줬어. 우리 왕국을 원래대로 되돌리는 설 도와줄 수 있겠니?"

"있잖아, 아무래도 그 전설이 잘못된 것 같아. 나는 그냥 평범한 초등학생이고, 네가 책 표지에 그려져 있던 것뿐인데?"

나는 떨리는 목소리로 거절하였다.

하지만 프랙 왕자는 계속 도움을 요청하였다.

"써클 마녀와 그의 제자 패턴 마녀 때문에 우리 왕국의 모든 것이

기하 왕국의 규칙에 담긴 비밀

단순해지고 있어. 해안선, 산, 벌집, 심지어 우리나라의 상징인 피타고라스 나무까지. 너의 도움이 정말 필요해. 우리 왕국 사람들은 써클 마녀의 마법에 의해 너무 약해져서 그에 대항할 수 있는 사람이 없어. 제발 도와줘!"

'어쩌면 좋지? 더 이상 거절하기는 어려울 것 같아. 그래, 나를 항상 지켜 주는 초롱이와 같이 가야겠다.'

"좋아! 그 대신 내 강아지 초롱이도 같이 가면 좋겠어."

"네가 원한다면 그렇게 하자. 그리고 우리 왕국의 시간은 여기 시간과 달라서 우리 왕국에서의 1일은 너희 나라의 1시간이란다. 그러니까 내일 아침이 되기 전에 다시 이곳으로 돌아올 수 있을 거야. 그러면 네가 사라졌던 것을 아무도 모를 거고."

"그래, 얼른 가자! 프랙 왕자, 그런데 어떻게 너희 왕국으로 갈 수 있어?"

"우리 왕국으로 가는 문은 네가 찾은 책에서 숨겨진 페이지를 펼치면 돼!"

"숨겨진 페이지?"

"응, 책을 넘기다 보면 순서가 이상한 곳이 있어. 그곳이 숨겨진 페이지이고, 그곳에서 주문을 외우면 된단다."

나는 책을 순서대로 넘겨 보았다. 넘기다 보니 111쪽 뒷면이 222쪽이라고 되어 있었다.

기하 왕국의 규칙에 담긴 비밀

"프랙 왕자! 이곳이 이상한 것 같아."

"그럼 한번 주문을 외워 볼까?"

프랙 왕자는 일어서서 주문을 외우기 시작하였다.

"기하 왕국을 건설하신 왕이시여! 우리가 당신의 세계로 들어가는 것을 허락해 주세요. 모든 것이 반복과 규칙으로 만들어진 세계로."

프랙 왕자가 말하자 눈앞이 빙글빙글 돌면서, 빨려 들어가는 느낌이 들었다.

이렇게 나는 초롱이와 함께 프랙 왕자를 따라 기하 왕국으로 가게 되었다.

기하 왕국으로의 첫걸음

"여기가 우리 기하 왕국이야."

우리는 눈 깜짝할 사이에 기하 왕국에 도착하였다.

"벌써?"

"⭐ 차원의 문을 통과하여 빠르게 올 수 있었지."

"그래? 그런데 주변이 어두워서 아무것도 안 보여."

"리원아, 내 꼬리를 잡아. 그럼 안심이 될 거야."

초롱이가 두 발로 서서 말을 하고 있었다.

> ⭐ **차원**
>
> 공간 내에 있는 점 등의 위치를 나타내기 위해 필요한 축(방향)의 개수를 의미한다. 수학적으로 점은 0차원, 선은 1차원, 평면도형은 2차원, 입체도형은 3차원으로 표현한다.

"어? 초롱아, 너 말할 수 있는 거야? 프랙 왕자, 어떻게 된 거야?"

"아, 우리 왕국에서는 모든 동물이 말을 하고 사람처럼 걸어 다닌 다는 것을 깜박하고 말을 안 했구나. 그리고 여기는 우리 왕국과 너 희 나라를 연결하는 차원의 문이 있는 차원의 동굴이라 어두워. 이 제 밖으로 나가자."

나는 초롱이의 꼬리를 잡고 차원의 동굴을 빠져나왔다. 그리고 동 굴을 돌아보니 반복된 도형들로 만들어진 문이 달려 있었다.

"프랙 왕자, 저 문은 뭐야? 신기한 모양인데?"

"아! 프랙탈 문을 말하는구나. 지금 설명해 주고 싶은데, 시간이 없어. 자세한 내용은 우리 성으로 가서 이야기해 줄게."

동굴 밖으로 나오자 산 아래에 기하 왕국이 보였다. 멀리 보이는 기하 왕국의 모습은 무척이나 아름다웠다. 파란 하늘과 푸른 벌판, 그리고 신기한 나무와 동식물이 내 눈 앞에 펼쳐져 있었다.

산을 내려가면서 보니 주변 식물들이 내가 할머니 댁에서 보았던 여러 식물들과 비슷하였다.

"프랙 왕자, 너희 나라 식물들도 우리나라 식물들과 비슷한 것 같아."

"응, 맞아. 너희 나라 사람들은 잘 모르겠지만, 기하 왕국과 너희 나 라는 연관이 많아. 그래서 우리 기하 왕국이 써클 마녀에 의해 망가 지게 된다면 머지않아 너희 나라도 비슷한 어려움을 겪게 될 거야."

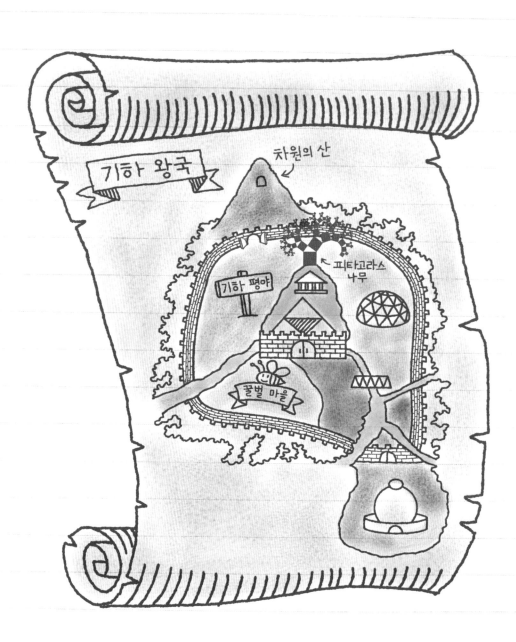

기하 왕국의 규칙에 담긴 비밀

우리는 어느새 산 아래에 도착하였다. 그곳에는 기하 왕국으로 들어가는 성곽이 있었다.

"여기가 기하 왕국이야."

그런데 프랙 왕자의 말이 떨어지기 무섭게 '쿵!' 소리와 함께 갑자기 성문이 닫히면서, 문에서 여러 조각들이 떨어졌다.

"안 돼!"

프랙 왕자가 소리쳤다.

그때 어디선가 한 마녀가 빗자루를 타고 나타났다.

"호호호, 나는 ★ 패턴 마녀다. 내가 기하 왕국으로 들어가는 문의 암호를 어지럽혀 놓았으니 너희는 이제 기하 왕국으로 들어올 수 없다."

> ★ **패턴**
> 반복되는 모양이나 형태로, 무늬라고 표현할 수 있다.

패턴 마녀는 우리를 내려다보다가 사라져 버렸다.

"이런, 패턴 마녀의 마법으로 성문이 닫혀서 우리 왕국으로 들어갈 수 없게 되었어. 어떻게 하지? 이 문은 여러 도형들을 맞추어야 열리게 만들어진 것으로, 우리 왕국이 생길 때부터 항상 열려 있었어. 암호도 1000년 전 내가 떠나기 전에 우리 왕국의 마법사인 시어핀만이 처음으로 알아냈단 말이야."

"그냥 내가 물어뜯어 버릴까?"

기하 왕국의 규칙에 담긴 비밀

초롱이가 말했다.

"이게 뭐 장난감인 줄 알아? 이건 기하 왕국의 최고 기술로 만들어진 문이라고. 어떠한 충격에도 부서지지 않아. 도형들을 원래 있던 모양으로 다시 배치해 놓아야 열 수 있어."

"아, 맞다. 내가 왕국을 떠날 때 시어핀 마법사가 내게 준 편지가 있어. 우리 같이 읽어 보자."

프랙 왕자님께

왕자님께서 이 왕국을 떠나신다기에 혹시나 누군가 성문의 암호를 뒤섞어 놓거나 내가 일을 당할 경우가 생길지 몰라서 이 편지를 드립니다.

아마 문의 암호를 뒤섞어 놓는다면 써클 마녀의 제자인 패턴 마녀일 것입니다.

우리 왕국의 문을 여는 암호는 '이리저리 마법'으로 이루어져 있습니다.

이리저리 마법은 다른 곳에서는 '변환'이라고 불린다고 합니다. 이리저리 마법은 여러 가지 세부 마법이 있는데, 우리 선조들은 다음과 같은 세 가지 마법으로 암호를 만들었습니다.

옮기기(Slide) 처음의 도형을 그대로 움직이는 것

돌리기(Turn) 처음 도형의 모양은 변하지 않고 시계 방향, 시계 반대 방향으로 돌리기만 하는 것

뒤집기(Flip) 처음 도형을 뒤집는 것으로, 어떤 도형이 한 기준(축)에 의해 반대 방향으로 똑같은 모양이 나타나게 하는 것

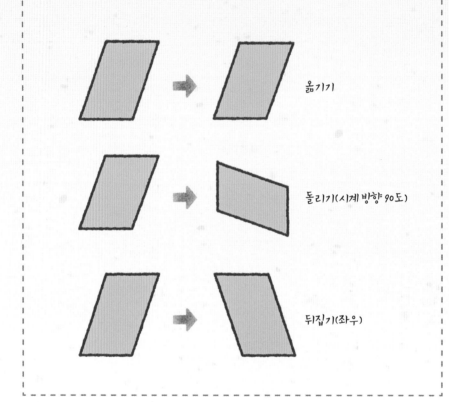

옮기기

돌리기(시계 방향 90도)

뒤집기(좌우)

혹시나 이 편지를 분실하거나 누군가에게 빼앗기실 수 있으니 암호를 그대로 적지 않고, 우리 왕국에 내려 오는 글귀를 그대로 적어 드리겠습니다.

첫째는 세 개의 같은 각, 세 개의 같은 변을 가진 도형이네.

둘째는 '곰'이 '문'이 된 것처럼 첫째가 돌아 버렸네.

셋째는 두 쌍의 평행한 선을 가지고 있으나, 변과 각이 모두 같지는 않고 평행

기하 왕국의 규칙에 담긴 비밀

한 두 변만 길이가 같네. 왼쪽 편 위는 들어가고, 아래는 튀어나왔네.

넷째는 셋째와 같으니, 그대로 옮겨 가네.

다섯째는 셋째와 비슷하나 셋째가 뒤집어져 버렸네. 왼쪽 편 위가 튀어나오고, 아래가 들어가 버렸네."

"도대체 이게 무슨 말이지? 리원아, 넌 알겠어?"

"음······. 세 개의 같은 각, 세 개의 같은 변을 가진 도형은 삼각형을 의미하는 것 같아."

"삼각형? 아, 내 얼굴같이 생긴 삼각형을 말하는 거구나."

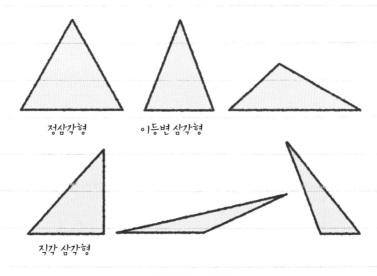

정삼각형   이등변 삼각형

직각 삼각형

여러 가지 삼각형

"음, 이렇게 세 개의 변을 가진 도형은 삼각형이야. 그중에서 세 변과 세 각이 모두 같으면 '정삼각형'이라고 하지."

"아, 그럼 여러 모양 중에 정삼각형을 첫 번째 칸에 넣자. 초롱아, 얼른 찾아서 넣어 줘."

"그래. 내가 힘이 세니까 정삼각형을 넣어 줄게."

초롱이가 첫 번째 칸에 정삼각형을 넣자 첫 번째 칸이 빛났다.

"맞나 보다. 리원아, 두 번째 내용은 뭔지 알아?"

"이리저리 마법이라고? 아, 수학 시간에 좀 열심히 해 둘걸."

"돌리기, 뒤집기, 옮기기 무슨 말이야. 나 같은 강아지는 도통 알 수가 없네."

초롱이가 고개를 갸우뚱하며 말했다.

"'곰'이 '문'이 된다고?"

프랙 왕자가 글자를 땅에 적어 보았다.

"어? 글자를 돌리면 '곰'이 '문'이 되는데? 신기하다."

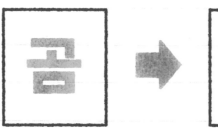

기하 왕국의 규칙에 담긴 비밀

"진짜 그러네. 프랙 왕자, 그렇다면 정삼각형을 글자가 돈 것처럼 돌려서 넣어 볼까?"

'덜컥!'

두 번째 도형이 들어가자 두 번째 칸이 빛나기 시작했다.

"아, 두 개나 해결하다니. 프랙 왕자와 리원이는 천재인가 봐."

바닥에 있는 도형들을 살펴보던 초롱이는 평행사변형을 집어 들었다.

"아, 이 도형은 기울어져 있네. 신기하게 생겼다. 그런데, 혹시 세 번째 도형이 의미하는 '두 쌍의 평행한 선을 가지고 있으나, 변과 각이 모두 같지는 않고 평행한 두 변만 길이가 같네. 왼쪽 편 위는 들어가고, 아래는 튀어 나왔네.'라는 내용이 이 도형 아닌가? 맞아, 프랙 왕자?"

"초롱이가 세 번째를 해결한 것 같은데? 한번 문에 끼워 봐."

프랙 왕자가 빙그레 웃으며 말했다.

초롱이가 세 번째 칸에 평행사변형을 끼워 넣자 '덜컥!' 소리가 나며 세 번째 칸이 빛나기 시작했다.

"네 번째는 아주 쉽다. 세 번째랑 같다고 했으니 세 번째랑 같은 도형을 찾아서 네 번째에 끼워 보자."

내가 네 번째 칸에 세 번째와 똑같이 생긴 평행사변형을 넣자마자 네 번째 칸도 빛나며, 문이 조금씩 흔들리기 시작하였다.

35

"마지막 칸의 도형만 맞추면 될 것 같아. 네 번째의 도형을 뒤집는다고 했으니까, 손바닥 뒤집듯이 뒤집어서 넣어 볼까?"

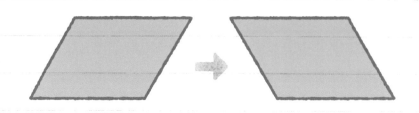

프랙 왕자가 네 번째의 평행사변형을 뒤집어서 넣자, 문이 큰 소리를 내면서 열렸다.

드디어 우리는 기하 왕국으로 들어오게 된 것이다.

저 멀리 높은 성이 보였다.

"리원아, 저기가 내가 사는 기하 왕국의 성이야. 얼른 가자."

"그래, 초롱아. 열심히 걸어가자."

우리는 발걸음을 옮겼다. 가는 동안 넓은 들판이 펼쳐져 있었다. 나는 들판에서 아주 아름다운 꽃을 발견하였다.

"와, 이 꽃 너무 예쁘다. 꽃 이름이 뭐야?"

"아, 이 꽃 이름? 나리라고 하는데, 백합의 일종이야. 우리 왕국을 상징하는 꽃이지."

기하 왕국의 규칙에 담긴 비밀

1. 기하 왕국으로의 첫걸음

나리

"아, 우리나라 꽃은 무궁화인데, 너희 왕국 꽃은 나리구나."

"프랙 왕자, 나리가 이 나라를 상징하는 이유가 뭐야?"

초롱이가 물었다.

"우리 왕국은 대칭인 생물을 섬기는 풍습이 있어."

"대칭?"

"응, **좌우나 상하가 같은 것**을 말해."

"여기 이 나리꽃도 좌우로 나누어 보면 같은 부분이 거울에 비치는 것처럼 똑같은 모양이 되지?"

"아, 그래."

"이 나리꽃을 하나 뜯어서 반으로 잘라 볼까?"

프랙 왕자는 꽃을 뜯어서 반으로 잘랐다. 그러자 안에 ★ 암술과 수술이 보였다.

"리원아, 여기 봐. 나리꽃은 안쪽까지 좌우가 정확하게 대칭을 이루고 있어. 수술과 암술 그리고 씨방 안쪽 밑씨의 모습까지. 이런 것을 '꽃대칭'이라고 해."

> **★ 암술과 수술**
> 암술은 수술의 꽃가루를 받아서 열매를 만드는 곳이며, 수술은 꽃가루를 만드는 장소이다.

기하 왕국의 규칙에 담긴 비밀

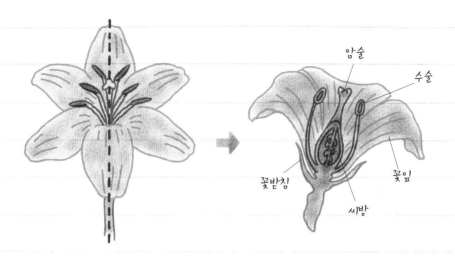

나리꽃의 구조

"꽃대칭?"

"대칭을 잘 모르는구나. **대칭은 어떤 물체나 모습이 한 점이나 선, 면을 중심으로 양쪽이 같은 것을** 말하는데⋯⋯. 음, 그림을 그려서 알려 줄게."

프랙 왕자는 땅에 그림을 그리며 설명을 계속하였다.

"자, 여기 도형이 있어. 이 도형 중간에 선을 그리면, 양쪽 모양이 같지? 이런 도형을 '선대칭 도형'이라고 불러. 그리고 이렇게 선을 중심으로 양쪽에 같은 도형이 있을 때 '선대칭 위치'라고 하는 거야. 또 점을 중심으로 모양이 같은 도형은 '점대칭 도형', '점대칭 위치'라 하고, 면에 의한 것은 '면대칭 도형', '면대칭 위치'라고 하는 거야."

1. 기하 왕국으로의 첫걸음

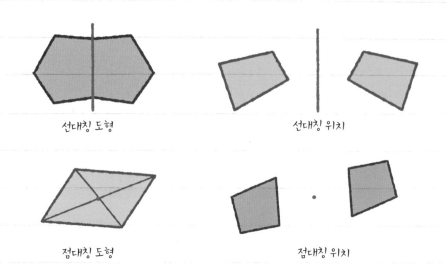

선대칭 도형　　　　　선대칭 위치

점대칭 도형　　　　　점대칭 위치

"그렇구나. 그런데 면대칭 위치는 잘 모르겠어."

"면대칭 위치는 우리가 매일 보는 거울을 생각하면 쉬워. **거울에 비치는 얼굴과 원래 얼굴이 면대칭 위치야.**"

너하고 난 면대칭 위치!

　"와, 정말 신기하다. 수학책에서 보던 대칭이라는 것을 자연에서 볼 수 있다니. 너희 왕국에 있는 다른 식물, 동물들도 모두 대칭을 이루고 있어?"

"많은 것들이 대칭을 이루고 있지만, 꼭 그렇지는 않아."

기하 왕국의 규칙에 담긴 비밀

"그럼 대칭을 이루고 있는 것은 어떤 것들이 있어?"

"우리 왕국과 너희 나라의 동식물은 비슷한 것들이 많으니까, 너도 설명하면 금방 이해할 수 있을 거야. 바다에 사는 불가사리 알지?"

"응, 알지. 불가사리는 별같이 생긴 거잖아."

"맞아. 불가사리도 한 다리의 선을 중심으로 나누면 좌우가 똑같은 모양을 하고 있지."

"생각해 보니 그러네."

"저기 있는 사과도 그래."

프랙 왕자는 사과나무에서 사과를 따서 정확하게 반을 잘랐다.

"여기 봐. 사과의 씨 모양이 불가사리와 같은 모양을 하고 있지?"

"와, 신기하다."

이때, 나비가 한 마리 날아와 꽃에 앉았다.

"이 나비도 그럼 대칭인 거지?"

불가사리

사과의 단면

나비

"맞아, 리원아. 나비도 대칭이지. 좌우 날개의 모양이 똑같아."

"아까 대칭이 아닌 것도 있다고 했는데, 그런 것들은 뭐가 있어?"

"대칭이 아닌 것도 많지. 그리고 대칭은 아니지만 나름대로 의미를 가지는 동식물도 많아. 일단 대칭이 아닌 대표적인 것은 넙치가 있어. 넙치가 뭔지 알아?"

"넙치? 잘 모르겠어."

"그럼 혹시 광어는 알아?"

"응, 광어는 알아. 우리 아빠가 회로 자주 드시는 물고기인데? 왜 넙치 이야기하다가 광어 이야기를 하는 거야?"

"너희 나라에서는 넙치를 광어라고도 부르거든."

"아, 광어가 넙치란 말이야?"

"맞아. 넙치는 한쪽에 눈이 있고, 그것도 위쪽에 몰려 있어. 그래서 대칭이 아닌 대표적인 동물이라고 할 수 있어."

넙치

기하 왕국의 규칙에 담긴 비밀

"아, 그렇구나. 또 다른 건?"

"비대칭이라도 규칙성을 가지고 있는 생물이 많아. 그런데 이러고 있을 시간이 없는 것 같아. 빨리 성에 가서 시어핀 마법사를 만나야 해."

"그렇지. 어서 성으로 가자."

한참을 달려 성에 도착하였다.

"리원아, 초롱아. 우리 왕국에 온 것을 환영해. 여기가 내가 사는 기하 왕국의 성이야. 얼른 들어가자."

그때 어디선가 큰 소리가 들렸다.

"이렇게 암호를 풀고 성까지 올 줄이야. 내가 와 보지 않았다면 너희가 성으로 너무 쉽게 들어갈 뻔했구나. 호호호. 이번엔 아까보다 어려운 문제를 주겠다."

성 안으로 들어가려던 우리 앞에 패턴 마녀가 다시 나타나 소리치자, 우리가 서 있는 땅이 흔들리기 시작하였다. 그러더니 잠시 후 땅이 마구 솟구쳐 올랐다.

"엄마야!"

나는 무서워 자리에 주저앉아 두 눈을 감았다.

얼마 후 흔들리던 땅이 멈추자 나는 감았던 눈을 떴다. 성 안으로 들어가는 통로에는 정삼각형, 정사각형, 정오각형, 정육각형 모양

43

의 돌들이 어지럽게 솟아올라 있었다.

"너희가 이 돌들을 이용해서 내가 좋아하는 연속 무늬를 만든다면 마법이 사라질 것이다. 하지만 이 돌이 무척이나 무거울걸, 호호호."

패턴 마녀의 웃음소리에 소름이 돋았다.

"내 너희가 너무 불쌍해 한 가지 힌트를 주지. 나는 한 가지 모양으로 된, 빈틈없는 무늬를 좋아하지. 나의 이름처럼 패턴을 만들어서 쌓아 봐. 호호호. 무늬를 만들 수 없는 것이 있으니 조심하고, 그것으로 무늬를 만들려고 한다면 너희는 위험에 빠지게 될 거야."

패턴 마녀의 웃음소리가 점점 멀어져 갔다. 나는 너무 무서워서 울음을 터뜨리고 말았다.

"리원아, 걱정마. 내가 기하 왕국으로 오면서부터 두 발로 걸을 뿐만 아니라, 힘도 아주 세졌거든. 이까짓 돌쯤은 내가 다 들어서 옮길 테니까 어떻게 할지만 알려 줘."

초롱이가 돌 하나를 한 손으로 번쩍 들어 보였다. 정말 초롱이는 엄청나게 힘이 세졌나 보다.

"그래, 리원아. 패턴 마녀가 알려 준 힌트를 가지고 한번 무늬를 만들어 보자. 여기 떨어져 있는 도형들은 정삼각형, 정사각형, 정오각형, 정육각형이야. 도형 중에 무늬를 만들 수 없는 것이 있다고 하니 무조건 만들면 안 될 것 같아. 일단 그림을 그려서 생각해 보자."

기하 왕국의 규칙에 담긴 비밀

1. 기하 왕국으로의 첫걸음

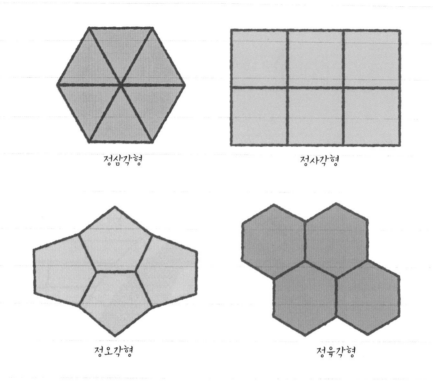

정삼각형

정사각형

정오각형

정육각형

프랙 왕자는 땅에 도형들을 그리기 시작하였다.

"어, 이상하다. 여기 있는 도형들은 모두 무늬가 만들어지는데?
패턴 마녀가 거짓말을 한 것 같아. 초롱아, 여기 있는 돌들로 내가
그린 무늬들을 한번 만들어 봐."

"그래, 나의 힘을 마음껏 발휘해 주지."

초롱이가 삼각형부터 차곡차곡 옮기기 시작하였다.

나는 프랙 왕자의 그림을 꼼꼼히 살펴보았다. 그러다가 정오각형

기하 왕국의 규칙에 담긴 비밀

의 그림에서 이상한 것을 발견했다.

'음, 이상하네. 정오각형이 이렇게 생겼었나?'

나는 정오각형으로 다시 무늬를 그려 보았다.

"안 돼! 초롱아, 그만!"

나는 순간 큰 소리를 질렀다. 초롱이는 정사각형 무늬를 다 만들고 정오각형을 한 개 들어서 무늬를 만들려고 하고 있었다.

"정오각형은 무늬를 만들면 안 돼. 무늬가 만들어지지 않아. 프랙 왕자, 초롱아, 이걸 봐 봐."

둘은 그림을 보고 놀란 표정을 지었다. 초롱이는 정오각형 조각을 내려놓고 정육각형을 들어서 무늬를 만들기 시작하였다.

힘이 세진 초롱이는 순식간에 무늬들을 모두 만들었다.

무늬가 다 만들어지자 무늬들이 하늘 위로 떠올랐다. 그리고 튀어나온 돌들 위로 사뿐히 내려앉음과 동시에 다시 평평한 길이 만들어졌다.

"야, 드디어 성으로 들어갈 수 있겠다. 혹시 패턴 마녀가 다시 나타날지도 모르니 얼른 뛰어 가자. 초롱아, 너 리원이를 업고 갈 수 있지?"

초롱이는 나를 번쩍 들어 등에 업고 달리기 시작하였다. 통로를
지나서 기하 왕국 성곽 안으로 들어가자 파란 옷을 입은 마법사가
우리 일행을 기다리고 있었다.

환영합니다.

기하 왕국 퀴즈 **1**

기하 왕국 자연 속에서 대칭을 가진 것은
무엇이 있나요?

1. 기하 왕국으로의 첫걸음

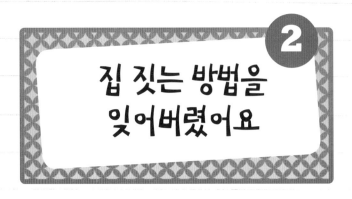

집 짓는 방법을 잊어버렸어요

"왕자님, 그리고 리원님, 모두 무사히 성에 도착하셨군요. 리원님, 저는 시어펀 마법사라고 합니다. 이 기하 왕국의 수석 마법사입니다."

"오랜만이오, 시어펀 마법사. 나는 더러워진 옷을 갈아입고 올 터이니, 그동안 리원이와 초롱이를 잘 부탁하오."

시어펀 마법사는 삼각형 모양이지만 중간이 뚫려 있는 듯한 무늬의 모자를 쓰고 있었다.

시어펀 마법사는 자기소개를 한 후 우리를 어떤 방으로 안내하였다. 그 방에는 맛있는 음식이 가득 차려져 있었다.

"자, 마음껏 드십시오."

기하 왕국의 규칙에 담긴 비밀

"감사합니다."

배가 무척 고팠던 초롱이와 나는 여러 가지 음식을 마구 먹기 시작하였다.

"리원님, 저희 왕국에 오시자마자 고생이 많으셨죠?"

"아닙니다. 그런데 시어핀 마법사님, 아까 왕국으로 들어오는 문의 암호는 마법사님의 편지를 이용하여 쉽게 해결하였지만, 성문의 무늬 만들기는 우연히 해답을 찾은 거예요. 그 무늬가 무슨 규칙을 가지고 있는 건가요?"

"리원님, 무척이나 좋은 질문을 하셨습니다. 저희 기하 왕국의 무늬나 여러 건물, 자연 환경들은 모두 규칙적인 모양을 가지고 있습니다. 이것에 대해서는 앞으로 제가 하나씩 알려 드리겠습니다."

"네."

"일단 제가 아주 기본적인 것들만 먼저 설명해 드리겠습니다. 저희 왕자님의 공부방으로 이동하실까요?"

프랙 왕자의 공부방에는 커다란 칠판과 책상, 의자가 있었다. 아마 이곳에서 프랙 왕자가 개인 수업을 받나 보다.

시어핀 마법사는 칠판에 그림을 그리기 시작하였다.

"이것들이 무엇인지 아십니까?"

"네. 그것은 삼각형, 사각형, 오각형, 육각형, 칠각형, ……이에요."

"맞습니다. 정확하게 말하면 정삼각형, 정사각형, 정오각형, 정육

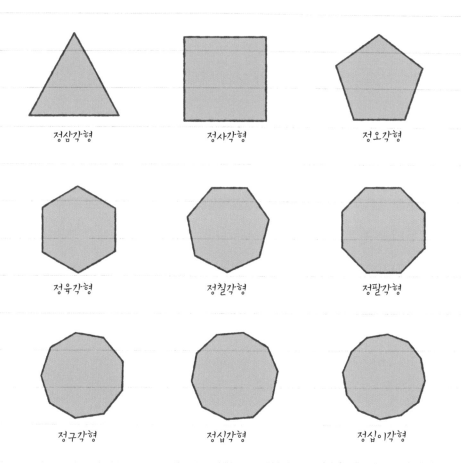

정삼각형	정사각형	정오각형
정육각형	정칠각형	정팔각형
정구각형	정십각형	정십이각형

각형, 정칠각형,……입니다. 이런 것들을 '정다각형'이라고 부릅니다. 정다각형은 어떤 특징을 가지고 있는지 아시나요?"

"정다각형은 모든 변이 같은 길이로 이루어진 도형을 말해요."

"맞습니다. 그런데 정다각형 중에는 같은 도형을 가지고 빈틈없이 평면을 채우는 무늬를 만들 수 있는 것과 없는 것이 있습니다.

기하 왕국의 규칙에 담긴 비밀

한번 찾아보시겠습니까?"

계속되는 질문. 이것이 왕국 수업의 특징인가 보다.

"저는 정삼각형, 정사각형, 정육각형으로 평면을 빈틈없이 채우는 무늬를 만들었어요. 하마터면 오각형으로 무늬를 만들 뻔했고요. 그런데 이렇게 그려 보지 않고 알 수 있는 방법은 없나요, 마법사님?"

"하하, 리원님이 호기심이 많으시군요. 그려 보지 않고 찾을 수

2. 집 짓는 방법을 잊어버렸어요

있는 방법이 있습니다. 자, 여기 그림을 보세요."

시어핀 마법사는 여러 다각형에 각을 표시했다.

"여기 보시는 것과 같이 정다각형의 ✦ 내각은 삼각형의 내각으로 쉽게 알 수 있습니다. 내각이라는 것은 다각형 안에 있는 여러 개의 각을 말하는데, 삼각형 안에는 3개, 사각형 안에는 4개, 오각형 안에는 5개의 각이 생기고, 그 각의 수를 따서 도형의 이름을 부릅니다. 자, 이제 이 도형들을 여러 개 붙여 볼까요?"

✦ **내각**
다각형에서 인접한 두 변이 안쪽에서 만드는 모든 각

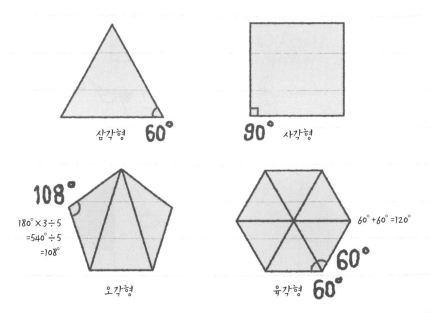

여러 다각형의 내각

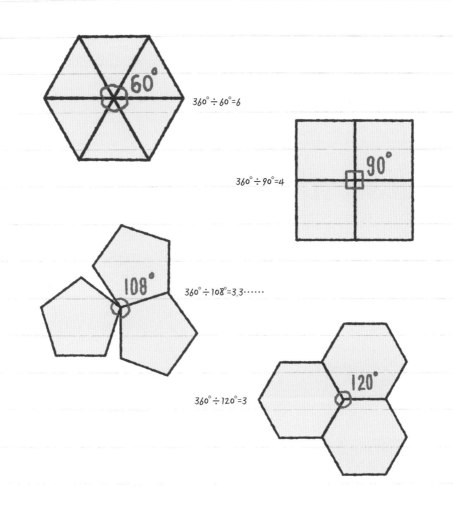

$360° \div 60° = 6$

$360° \div 90° = 4$

$360° \div 108° = 3.3 \cdots \cdots$

$360° \div 120° = 3$

"자, 이제 그려 보지 않고 평면을 빈틈없이 채우는 무늬를 만들 수 있는 도형을 찾을 수 있나요, 리원님?"

나는 그림들을 자세히 살펴보았다.

2. 집 짓는 방법을 잊어버렸어요

"아, 알 것 같아요. 도형들을 여러 개 붙였을 때, **한 점에서 만나는 각의 합이 360°가 되면, 평면을 빈틈없이 채울 수 있고,** 360°가 되지 않는 것은 채울 수 없군요."

변의 수	정다각형 이름	한 내각의 크기	360°를 만들기 위해 필요한 같은 도형의 수
3	정삼각형	$60°$	$360° \div 60° = 6$
4	정사각형	$90°$	$360° \div 90° = 4$
5	정오각형	$108°$	$360° \div 108° = 3.333$
6	정육각형	$120°$	$360° \div 120° = 3$
7	정칠각형	$128\frac{4}{7}°$	$360° \div 128\frac{4}{7}° = 2.8$
8	정팔각형	$135°$	$360° \div 135° = 2.667$
9	정구각형	$140°$	$360° \div 140° = 2.571$
……			
n	정 n 각형	$\dfrac{180(n-2)}{n}$	$360 \div \dfrac{180(n-2)}{n} = 2n \div (n-2)$

기하 왕국의 규칙에 담긴 비밀

"맞습니다. 이것처럼 **한 가지 이상의 도형을 이용해 틈이나 포개**
집 없이 평면이나 공간을 완전하게 덮는 것을 '테셀레이션(tessella-
tion)'이라고 합니다. 리원님 나라에서는 '쪽매맞춤'이라고 부르기도
합니다."

"테셀레이션! 학교에서 '평면꾸미기'라고 했던 기억이 나는 것 같
아요."

"리원님, 그럼 혹시 지금 여기 놓인 두 가
지 이상의 정다각형들로 평면을 채우되, 각
⭐ 꼭짓점에서의 배열이 모두 같게 하는 방
법을 찾으실 수 있으시겠습니까? 이렇게요."

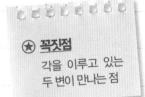

⭐ **꼭짓점**
각을 이루고 있는
두 변이 만나는 점

"음, 이런 모양들도 되는 것 같아요……."

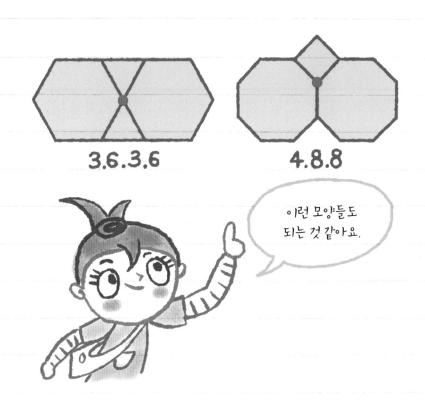

"맞습니다. 이것들까지 포함해서 총 여덟 가지가 존재합니다. 이 처럼 한 가지 도형이 아니라 여러 가지 도형을 혼합해서 평면을 꾸 밀 수도 있습니다."

시어핀 마법사는 그림으로 직접 보여 주었다.

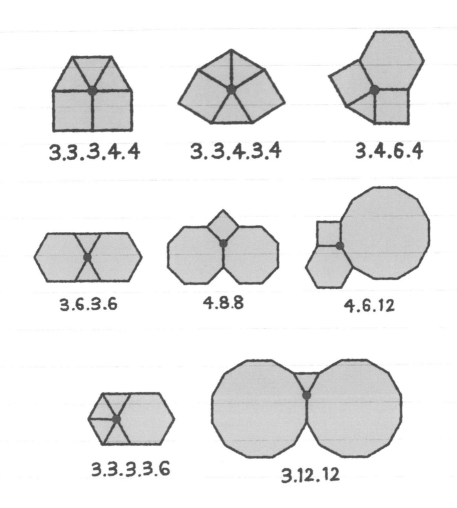

3.3.3.4.4 3.3.4.3.4 3.4.6.4

3.6.3.6 4.8.8 4.6.12

3.3.3.3.6 3.12.12

"정말 신기해요."

나는 그동안 어렵게만 느꼈던 도형들이 굉장히 신비하고 매력적

으로 느껴졌다.

2. 집 짓는 방법을 잊어버렸어요

여러 가지 테셀레이션

"세 가지 이상의 다각형으로 만들어지는 테셀레이션은 무궁무진하답니다. 오늘 밤새 이야기해도 끝이 없겠네요."

이때 창문으로 아주 큰 꿀벌 병정이 날아오면서 소리쳤다.

"시어핀 마법사님. 큰일 났습니다. 우리 꿀벌 마을이 써클 마녀에게 당했습니다. 그래서 벌들이 혼란에 빠졌습니다. 얼른 가 보셔야 할 것 같습니다."

꿀벌 병정의 소리에 프랙 왕자도 방에서 허겁지겁 뛰어왔다.

"무슨 일이냐?"

"왕자님, 지금 써클 마녀의 마법으로 인해 꿀벌 마을의 백성들이 집 짓는 방법을 모두 잊어버렸습니다."

"어떻게 그런 일이 있을 수 있느냐?"

프랙 왕자는 너무 놀라 말을 잇지 못했다.

기하 왕국의 규칙에 담긴 비밀

꿀벌 병정은 눈물을 흘리며 말했다.

"얼마 전 써클 마녀가 와서 꿀을 더 맛있게 만들어 준다는 약을 주고 갔습니다. 그런데 그 약을 먹고 나서부터 벌집 짓는 방법을 잊어버려 꿀벌마다 각기 다른 모양의 집을 짓고 있습니다."

"큰일이구나. 내가 직접 가 봐야겠다. 앞장서거라. 리원아, 너도 같이 갈래?"

"응, 좋아. 초롱이도 같이 가자."

프랙 왕자와 시어핀 마법사가 꿀벌 병정을 따라 앞장서고, 나와 초롱이가 그 뒤를 따라서 꿀벌 마을로 갔다. 내 눈에 펼쳐진 꿀벌 마을의 벌집들은 제각기 다른 모양을 하고 있었다. 그런데 벌집 모

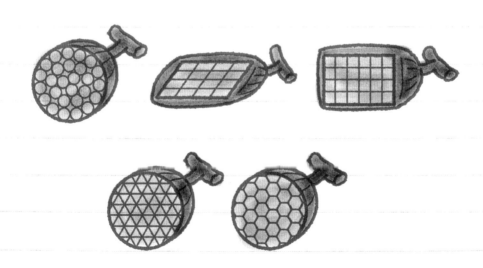

2. 집 짓는 방법을 잊어버렸어요

양을 자세히 보니 아까 시어핀 마법사가 설명해 준 테셀레이션과 모양이 비슷하게 생긴 것 같았다.

"리원아, 너희 나라의 벌집은 원래 무슨 모양이니?"

"음. 육각형 모양으로 되어 있었던 것 같은데……."

나는 책에서 본 벌집의 모양을 떠올리며 말했다.

"마법사, 우리나라의 벌집도 육각형 모양이지?"

"네, 그렇습니다. 왕자님, 꿀벌들이 만든 모양을 가지고 제가 설명해 드리겠습니다. 초롱님, 벌들이 만든 여러 모양의 집들을 모아 오시기 바랍니다."

초롱이는 마을 여기저기를 돌아다니면서 여러 모양의 벌집을 모아 왔다.

"자, 초롱님. 여러 모양의 벌집에 세게 입김을 불어 보시겠습니까?"

초롱이가 입김을 세게 불자 벌집들이 조금씩 움직이기 시작하다가 나중에는 마구 흔들렸다.

"와, 삼각형 벌집은 다른 벌집에 비해 거의 움직이지 않네."

"맞습니다. 그런데 리원님, 왜 벌꿀들은 육각형 모양으로 집을 짓는 걸까요?"

"잘 모르겠어요. 제일 만들기 쉬워서인가요?"

"여기에 있는 여러 재료를 가지고 삼각형과 육각형의 벌집을 만들어 보세요."

기하 왕국의 규칙에 담긴 비밀

초롱이와 나는 삼각형과 육각형의 벌집을 만들었다.

"잘은 모르겠지만, 같은 양의 재료로 만들 경우 삼각형 모양의 벌집은 내부 공간이 육각형 모양의 벌집보다 작아지는 것 같아요."

"맞습니다. 꿀벌이나 알의 모양이 모두 공과 비슷한 모양이죠? 도형의 넓이를 구해 보면 **도형의 둘레가 같을 경우 그 모양이 원에 가까울수록 안의 공간도 넓어집니다.** 따라서 원래 원 모양이 가장 이상적이지만, 원으로 벌집을 만들 경우 원과 원이 만나는 곳에 빈 공간이 생기게 됩니다."

"그렇군요……. 하지만 삼각형은 만나는 곳에 빈 공간이 생기지 않아요."

63

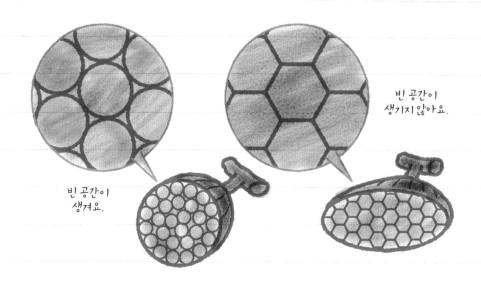

빈 공간이
생기지 않아요.

빈 공간이
생겨요.

"맞습니다. 삼각형은 무척 튼튼하지만 공간 활용이 효율적이지 못합니다. 사각형도 튼튼하지만 바람이 불거나 하면 사각형이 버티지 못하고 움직이게 됩니다. 그렇기 때문에 벌집은 육각형 모양이 가장 이상적인 모양이 되는 겁니다."

"괜히 벌집이 육각형이 아니군요." 초롱이도 꽤나 놀란 눈치였다.

"만약 꿀벌들이 혼자 생활한다면 원 모양의 벌집 하나를 만들어 생활하겠

육각형 모양의 벌집

기하 왕국의 규칙에 담긴 비밀

지만, 꿀벌들은 집단생활을 하기 때문에 여러 개의 방이 붙어 있는 벌집을 만들기 위해서 **원에 제일 가까우면서 평면을 채울 수 있는 육각형을 본능적으로 선택하여 집을 짓고 있습니다.**"

"참 지혜로운 꿀벌들이네요."

나는 작은 꿀벌들이 그런 지혜를 가지고 있다는 점이 경이로웠다.

"우리 주변에 육각형으로 만들어진 것은 벌집 말고도 또 있습니다. 바로 곤충의 눈입니다."

"곤충의 눈이오? 곤충의 눈은 그냥 둥글게 생긴 거 아닌가요?"

홑눈이 모여서 된 겹눈

"아닙니다. **곤충의 눈은 '홑눈'이라고 불리는 작은 육각형 눈이 무수히 많이 모여서 이루어져 있는데, 이러한 눈을 '겹눈'이라고 합니다.**"

"그럼 각각의 홑눈마다 다 따로 보이나요?"

"네, 맞습니다. 우리의 눈은 빛이 들어와 ⊛ 망막에 하나의 상이 맺혀 사물을 인식하지만, 곤충의 눈은 각각의 홑눈에서 맺힌 여러 상들이 모여서 모자이크처럼 보인다고 합니다."

⊛ **망막**
눈의 가장 안쪽에 있는 막으로, 시각 세포가 분포하고 있어 이곳에 맺힌 상을 시각 신경을 통해 뇌로 보낸다.

2. 집 짓는 방법을 잊어버렸어요

"그러면 어지러울 것 같은데……."

초롱이의 눈이 진짜 어지러운 것처럼 뱅글뱅글 돌았다. 그 모습을 본 시어핀 마법사는 빙그레 웃으며 설명을 계속했다.

"리원님도 이런 육각형을 이용하여 만들어진 여러 물건들을 사용하고 있답니다. 리원님 나라에서 쓰는 종이 박스를 잘라 보면 육각형으로 되어 있어서 단단하지요. 박스 안에 들어 있는 물건이 받는 충격을 줄여 주고, 운반하기 편리하답니다."

"아, 그렇군요. 신기하네요. 그럼 모든 건축물이나 물건을 육각형으로 만들면 좋겠어요."

"그렇지는 않습니다. 아까 같은 둘레로 안의 부피가 넓고 효율적인 것은 육각형이라고 했지만, 무게나 힘을 지탱하는 데 가장 좋은 모양은 삼각형입니다. 따라서 여러 건축물, 특히 다리 같은 경우 삼각형을 이용하여 건설하는 경우가 많은데, 이것을 '트러스 구조'라고 합니다. **트러스 구조라는 것은 직선으로 된 여러 뼈대를 삼각형으로 묶어서 지붕이나 다리를 만드는 것**을 말합니다. 이렇게 생긴 걸

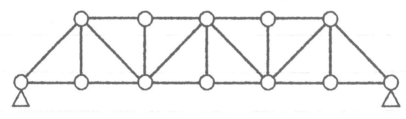

트러스 구조

기하 왕국의 규칙에 담긴 비밀

동호대교

본 적이 있으실 텐데, 이것은 안에 공간을 활용하지 않고, 무게를 튼튼하게 지지하기 위해서 삼각형으로 만든 것입니다."

"아, 저 본 적 있어요. 한강을 건널 때요."

"우리 주변에서 흔히 보는 다리들은 기둥과 기둥 사이에 판(보)을 올려놓은 형태의 다리입니다. 이런 다리는 수평으로 놓인 판을 수직으로 세운 기둥이 받치면서 무게를 이기기 때문에 안정적이면서 다리를 만들 때 빨리 만들 수 있습니다. 실제로 우리나라에 있는 대다수의 다리가 이런 식으로 만들어졌습니다. 그런데 이런 다리는 판과 판 사이를 지지해 주는 기둥을 촘촘히 해야 한다는 문제점이 있습니다. 이것을 보완하기 위해 사용하기 시작한 방법이 트러스

2. 집 짓는 방법을 잊어버렸어요

판

기둥

판이 무거울수록 기둥의 간격이 좁고 기둥의 수가 많다.

구조입니다. 이 구조는 다리의 무게를 나눠 가지니까 짧고 가벼운 재료를 조립해서 긴 다리를 쉽게 만들 수 있게 되었습니다."

"설명만 들어서는 이해하기 어려워요."

나는 시어핀 마법사의 설명이 알 듯 모를 듯했다.

"그림으로 설명해 볼까요? 만약에 다음과 같이 안이 비어 있는 정사각형과 삼각형으로 나눈 정사각형을 같은 힘으로 눌렀을 경우, 비어 있는 정사각형은 찌그러지지만, 안쪽이 삼각형으로 나누어진 정사각형은 그 모양을 그대로 유지하게 됩니다. 또 정사각형 두 개를 붙여서 시도해 보아도 같은 결과가 나옵니다. 이러한 결과가 나오는 이유는 **사각형을 삼각형으로 나눌 경우 서로가 서로를 잡아 주며, 주어지는 힘을 ⊛ 분산시키기 때문입니다.**"

"아. 그럼 삼각형으로 나누지 말고, 안을 전부

⊛ 분산
갈라져 흩어짐. 또
는 그렇게 되게 함.

기하 왕국의 규칙에 담긴 비밀

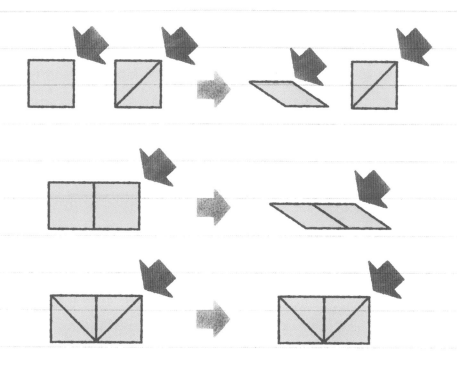

채우면 더 튼튼해지는 것 아닌가요? 아니면 더 작은 삼각형으로 나누면 더 튼튼할 것 같은데요."

"리원님이 생각하는 것이 일반적인 사람들의 생각입니다. 하지만 만약 모든 구조물의 안이 다 채워져 있다면 그것을 만들기 위해 훨씬 많은 재료가 들겠지요? 그러면 경제적으로 많은 비용이 들기도 하고, 전체적인 건물이나 구조물의 무게가 무거워지기 때문에 그 수명이 줄어들게 됩니다. 이처럼 트러스 구조는 가장 적은 재료를 가지고 무게를 분산시켜서 더 많은 무게와 힘을 견딜 수 있도록 만들어진 구조입니다."

"네, 그렇군요. 그런데 다른 모양의 다리도 본 적이 있는 것 같아요."

"맞습니다. 요즘은 다른 여러 방법을 혼합해서 건설하고 있지요. 그리고 삼각형으로 만든 건축 방법은 또 있습니다."

"어떤 거요?"

나는 삼각형과 사각형 같은 단순한 도형이 이렇게 다양하게 이용된다는 것이 신기하여 더 알고 싶어졌다.

★ 돔
반구형으로 된 지붕

"★ 돔을 만드는 것입니다. 삼각형의 결합으로 튼튼한 돔을 만들 수 있습니다. 이러한 돔을 '지오데식 돔'이라고 부른답니다. 이 돔이 특이한 것은 지지하는 기둥 없이도 구조물을 튼튼하게 지을 수 있다는 것입니다.

지오데식 구조

기하 왕국의 규칙에 담긴 비밀

리원님 나라에서도 온실이나 간단한 건물을 지을 때 이런 구조물을 이용한다고 하더군요. 그리고 지오데식 돔을 두 개 붙여 놓으면 지오데식 구가 되지요."

"네, 국립 과천 과학관에 체험 학습을 가서 본 적이 있어요."

"생각보다 많은 것들이 도형의 규칙으로 구성되어 있답니다."

내가 시어핀 마법사의 설명에 푹 빠져 있을 때 프랙 왕자가 재촉했다.

"마법사, 수고했어요. 많은 이야기를 하고 싶겠지만, 리원아, 초롱아. 이제 벌집의 모양과 그런 모양을 가지는 이유를 알았으니 우리가 돌아다니면서 꿀벌들에게 원래 집 모양을 설명해 주고, 만드는 것을 도와주는 게 좋겠어."

"그래, 좋아. 초롱아, 가자."

나와 초롱이, 프랙 왕자는 각자 꿀벌 마을을 돌아다니면서 꿀벌들을 가르치기 시작하였다.

그리고 시어핀 마법사는 써클 마녀가 꿀벌들에게 주고 간 마법 약의 해독제를 만들기 시작하였다.

시간은 흘러 어느덧 해가 지고 달이 떠오르기 시작하였다. 그리고 달이 중천에 뜨고 나서야 우리는 다시 마을 입구에 모일 수 있었다.

"리원아, 초롱아. 너무 수고했어. 우리 왕국에 오자마자 쉬지도 못하고 도와줘서 너무 고마워."

"그런데 프랙 왕자, 지금 밤인 것 같은데 기하 왕국은 너무 밝아.
왜 그렇지?"

"아, 그거? 저기 산 위를 봐."

프랙 왕자가 손으로 가리키는 방향을 향해 나는 몸을 돌렸다.

기하 왕국 퀴즈 2

정삼각형, 정사각형, 정오각형, 정육각형 중에
같은 도형만으로 평면을 채울 수 없는 도형은 무엇이며,
그 이유는 무엇인가요?

기하 왕국의 규칙에 담긴 비밀

3 기하 왕국의 상징과 비밀

　내가 몸을 돌리자 산 위에서 큰 나무가 빛을 내면서 흔들리고 있
는 모습을 볼 수 있었다.

　"와, 저 나무는 뭐야? 신기하게 생긴 데다 빛도 나네."

　"저 나무는 우리 왕국의 상징이자, 왕국의 에너지원이야. 저 나무
가 빛을 내 주어서 우리 왕국은 밤에도 어둡지 않고, 저기서 나오는
빛을 이용해서 전기를 만들기도 해."

　프랙 왕자의 말투에서 그 나무가 얼마나 소중한지 느껴졌다.

　"정말? 그런데 저 나무 삼각형하고 사각형으로 된 것 같아. 그리
고 모양이 조금씩 변하는 것 같은데?"

　"리원아, 너는 관찰력이 정말 뛰어나다. 저 나무의 이름은 '피타고

피타고라스 나무

★ **피타고라스**

기원전 580년경에 태어난 정치가, 철학자이면서 수학자로, 피타고라스의 정리를 만들었다.

라스 나무'야. 우리 왕국을 세우신 여러 선조들 중에 ★ 피타고라스라는 분이 만든 나무지. 우리나라에 전해 내려오는 비밀이 숨겨져 있대. 그 비밀은 아직까지 밝혀진 것은 없고, 나무가 규칙적으로 움직인다는 것과 움직이면서 가지의 모양들이 바뀐다는 거야. 신기하지?"

기하 왕국의 규칙에 담긴 비밀

피타고라스 나무 1　　　　　피타고라스 나무 2　　　　　피타고라스 나무 3

가지의 모양이 바뀌는 피타고라스 나무

"응, 정말 신기하다. 그런데 어떤 규칙으로 움직이는지는 찾았어?"

"아주 간단한 것들은 알아냈는데, 다른 것들은 정확하게 밝혀지지 않았어."

프랙 왕자의 말을 듣는데 나도 모르게 하품이 나왔다.

"오늘은 기하 왕국에 처음 온 날이라 많이 힘들었지? 성에 가서 편히 자고, 내일 아침부터 써클 마녀와 패턴 마녀가 우리 왕국을 망치려는 계획을 막아 보자."

나는 피타고라스 나무를 더 보고 싶었지만, 많이 피곤한 터라 프랙 왕자와 함께 성으로 돌아가기로 하였다.

3. 기하 왕국의 상징과 비밀

이때 갑자기 사방이 캄캄해지더니 큰 웃음소리가 나기 시작하였다.

"호호호호."

"이게 어떻게 된 일이지? 피타고라스 나무가 빛을 잃었어."

프랙 왕자가 소리쳤다.

"주변이 어두워져서 너무 위험해. 리원아, 내 등에 타."

나는 초롱이 등에 업혀서 주위를 살피기 시작하였다. 잠시 후 우리 눈이 어둠에 익숙해지자 하늘에 그림자 하나가 보였다. 얼굴이 원 모양인 마녀가 빗자루를 타고 떠 있었다.

"호호호, 내 너희 나라를 없애기 위해 피타고라스 나무에 마법을 걸었다. 그냥 마법을 걸어 두면 재미가 없겠지? 내가 너희에게 마법을 풀 수 있는 방법을 알려 주지. 하지만 너희들의 실력으론 절대 풀지 못할 것이다. 호호호."

"프랙 왕자, 저 마녀가 혹시 써클 마녀?"

"그래, 바로 써클 마녀야. 우리 왕국을 무너뜨리려는…… 세상에서 가장 강력한 마법을 사용할 수 있지."

눈 깜짝할 사이에 써클 마녀는 사라져 버리고 하늘에서 두루마리 하나가 떨어졌다.

프랙 왕자는 그 두루마리를 얼른 주워 펼쳐 보았다. 나도 다가가 함께 그 내용을 확인하였다.

기하 왕국의 규칙에 담긴 비밀

프랙 왕자에게

너희는 피타고라스 나무의 위대함을 알지 못하면서, 그 나무를 이용한다. 그것은 말이 안 된다. 이에 나는 너희로부터 피타고라스 나무의 빛을 빼앗고자 한다.

빛을 다시 찾고 싶거든 내가 주는 도형을 가지고 같은 넓이를 가진, 내가 제시하는 다른 모양의 도형으로 만들어 보아라.

그리고 피타고라스 나무가 움직일 때, 빛나는 부분의 넓이가 어떻게 변하는지 알아낸다면 저주가 풀릴 것이다.

1. 다음과 같은 평행사변형을 넓이가 같은 직사각형으로 만들고, 이걸 이용해서 평행사변형 넓이 구하는 방법을 설명하라.

2. 다음과 같은 삼각형을 넓이가 같은 직사각형으로 만들고, 이걸 이용해서 삼각형 넓이 구하는 방법을 설명하라.

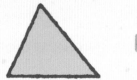

3. 다음과 같은 사다리꼴로 넓이가 같은 직사각형을 만들고, 이걸 이용해서 사다리꼴 넓이 구하는 방법을 설명하라.

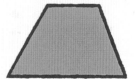

4. 피타고라스 나무가 움직일 때마다 처음의 넓이와 어떻게 달라지는지 알아내어라.

이 문제들을 너희가 푼다면 피타고라스 나무는 예전처럼 다시 빛을 낼 것이다.

아, 그리고 너희가 1, 2, 3번의 문제를 푸는 데 시어핀 마법사가 도움을 줄 것 같아서 내가 시어핀 마법사에게 침묵 마법을 걸어 두었다. 1, 2, 3번을 모두 해결해야만 시어핀 마법사의 마법이 풀릴 것이다.

기하 왕국의 규칙에 담긴 비밀

그럴 일은 없겠지만, 만약 3번까지 해결해서 시어핀 마법사의 마법이 풀린다 해도 시어핀 마법사가 4번 답을 찾는다면 영원한 침묵 저주가 발동할 것이다. 그러니 프랙 왕자, 너의 힘으로 한번 해결해 보아라.

써클 마녀로부터

우리가 편지를 읽고 시어핀 마법사를 보니 그는 벌써 땅에 쓰러져 있었다.

"큰일인데, 이럴 줄 알았으면 시어핀 마법사의 수업 시간에 잘 들어 둘걸."

"프랙 왕자, 너무 걱정하지 마. 꼭 풀 수 있을 거야."

나는 프랙 왕자의 어깨를 두드리며 격려해 주었지만, 걱정이 되기는 나도 마찬가지였다.

'휴, 학교 공부를 열심히 할걸. 내가 아는 건 직사각형 넓이 구하는 방법뿐인데 어쩌지?'

"리원아, 어떻게 하는지 알겠어? 너 아빠랑 도형 만들기 했었잖아?"

초롱이의 말에 나는 아빠와 같이 도형 만들기를 할 때, 여러 가지 도형들을 합쳐서 다른 도형을 만들던 생각이 났다.

"프랙 왕자, 일단 1번 문제는 내가 알 수 있을 것 같아. 이렇게 평

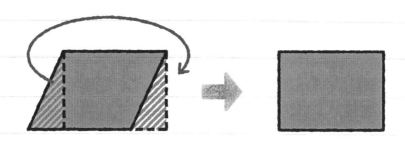

행사변형의 한쪽을 잘라서 옮기면 직사각형이 되거든?"

"와, 신기하다. 한 도형을 잘라서 옮긴 거니까 도형의 넓이는 같겠는데? 그럼 평행사변형의 넓이 구하는 방법은 직사각형 넓이를 구하는 방법과 같은 건가?"

프랙 왕자가 물었다.

"그렇지. 직사각형의 넓이 구하는 공식이 (가로)×(세로)니까, 평행사변형도 (가로)×(세로)겠네."

"그런데 평행사변형의 가로는 어딘지 알겠는데, 세로는 어디지? 여기 비스듬하게 된 곳이 세로인가?"

"직사각형의 세로는 가로에 수직으로 이어진 변이니까, 평행사변형의 세로는 높이로 말하는 게 정확할 것 같아."

"아, 그럼 **평행사변형의 넓이는 (가로)×(높이)**라고 표현하면 정확하겠다."

"이렇게 쉬운 거라면 나도 할 수 있겠는데? 리원아, 이번에는 내

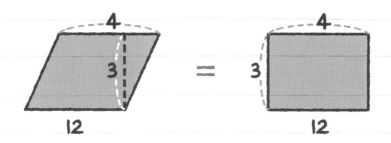

평행사변형 넓이와 직사각형 넓이의 비교

가 해 볼게."

초롱이는 삼각형을 직사각형으로 만들기 시작하였다.

"그냥 삼각형을 잘라서 이렇게 옮기면, 넓이가 같은 직사각형이

삼각형을 직사각형으로 만들기

만들어지는데, 그럼 삼각형의 넓이 공식도 (가로)×(세로)겠군."

"초롱아, 이건 두 변의 길이가 같은 이등변삼각형일 때만 되는 것 같은데, 써클 마녀가 준 삼각형은 이등변삼각형이 아니라서 직사각형이 만들어지지 않아."

"정말 그런데? 그러면 어떻게 하는 게 좋을까? 삼각형을 반으로 잘라 잘라진 삼각형과 똑같은 넓이의 삼각형을 더 붙여 보는 건 어떨까? 이렇게 말이야. 그럼 직사각형이 만들어지지."

삼각형의 넓이와 직사각형의 넓이 비교

"음, 진짜 직사각형이 만들어지네."

"오, 그럼 삼각형 넓이는 직사각형 넓이의 반이 되니까 삼각형의 넓이는 '$\frac{1}{2}×$(가로)×(세로)' 하면 되겠지?"

프랙 왕자가 손뼉을 치며 말했다.

"그런데 이것도 삼각형의 세로라기보다는 높이라고 표현하는 게

기하 왕국의 규칙에 담긴 비밀

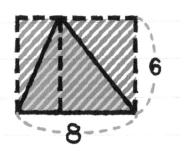

(가로) × (세로) = 직사각형의 넓이

$$8 \times 6 = 48$$

$\dfrac{1}{2} \times$ (가로) × (높이) = 삼각형의 넓이

$$\dfrac{1}{2} \times 8 \times 6 = 24$$

삼각형과 직사각형의 넓이 비교

맞을 거 같아."

"리원이와 프랙 왕자 둘 다 잘하는데? 이번에는 내가 꼭 해결해 볼게. 이게 사다리꼴이지? 사다리꼴을 자르는 방법은 여러 가지가 있을 것 같은데, 그중에서 나는 이렇게 잘라 봐야겠다."

초롱이는 자신있게 말했다.

"자, 이렇게 하면 직사각형이 되었지?"

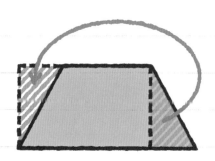

"아, 이젠 초롱이도 도형 바꾸는 건 잘하는구나."

나는 '서당개 삼 년에 풍월을 읊는다.'는 속담이 생각나 혼자 웃었다.

"초롱아! 그런데 아까 삼각형의 경우와 비슷할 것 같아. 초롱이네가 그린 사다리꼴은 '등변사다리꼴'이라고 평행한 두 변을 제외한 나머지 변의 길이가 같은 사다리꼴이야. 하지만 써클 마녀가 준 사다리꼴은 안 되는 것 같아. 여기 봐 봐."

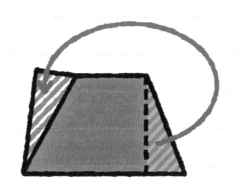

프랙 왕자가 그린 사다리꼴은 초롱이의 방법으로 직사각형을 만들 수가 없어 보였다.

"삼각형 넓이 구한 것과 같이 사다리꼴을 두 부분으로 나눠서 넓이가 두 배가 되도록 만들어 보면 어떨까?"

"아! 프랙 왕자 말대로 사다리꼴을 두 부분으로 나눠서 더 붙이니

기하 왕국의 규칙에 담긴 비밀

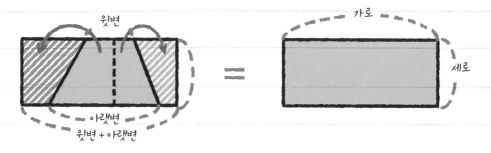

사다리꼴 넓이와 직사각형 넓이 비교

까 원래의 사다리꼴보다 두 배 넓은 직사각형이 된다."

"리원이, 프랙 왕자는 잘하는데, 나는……. 그럼 사다리꼴 넓이는 내가 구해 볼 거야! 사다리꼴을 잘라서 옮겼으니까, 여기하고 여기 길이가 줄어드는데……. 아, 머리 아프다. 원래 사다리꼴의 윗변과 아랫변을 더하면 직사각형의 가로가 되네."

초롱이는 이리저리 눈을 굴리며 말을 이어 갔다.

"그리고 직사각형의 넓이는 (가로)×(세로)지. 그런데 사다리꼴보다 두 배 넓으니까 반으로 나누면 되겠네……. 그렇다면 직사각형의 세로가 원래는 사다리꼴의 높이니까 **사다리꼴 넓이 구하는 공식은 '$\frac{1}{2}$×(윗변+아랫변)×(높이)**' 하면 될 것 같은데?"

"와! 사다리꼴은 초롱이가 완벽하게 해냈는데? 초롱이 기특해."

나는 초롱이의 머리를 쓰다듬어 주었다. 초롱이도 꼬리를 흔들며 즐거워했다. 이때였다.

3. 기하 왕국의 상징과 비밀

'펑!'

아주 큰 소리와 함께 시어핀 마법사가 마법에서 풀려서 일어났다.

"왕자님, 리원님, 초롱님, 모두 너무나 수고하셨습니다. 이제 마지막 문제만 해결하면 피타고라스 나무를 다시 예전의 모습으로 살릴 수 있을 겁니다."

"좋아요. 시어핀 마법사님, 마법사님이 직접 문제를 풀 수 없으니, 저희에게 정보만 알려 주세요. 먼저 피타고라스라는 분의 업적을 간단하게 저희한테 말씀해 주세요. 뭔가 힌트를 얻을 수 있지 않을까 해서요."

"네, 왕자님. 피타고라스는 우리 왕국을 세운 아주 위대한 인물로, 다음과 같은 '피타고라스 공식'을 만들어 냈습니다."

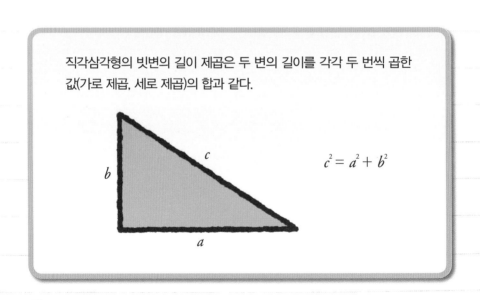

직각삼각형의 빗변의 길이 제곱은 두 변의 길이를 각각 두 번씩 곱한 값(가로 제곱, 세로 제곱)의 합과 같다.

$$c^2 = a^2 + b^2$$

기하 왕국의 규칙에 담긴 비밀

"리원아, 초롱아, 그렇다면 피타고라스 나무는 피타고라스 공식으로 만들어져서 그런 이름이 붙었을 거야. 피타고라스 나무의 중심 부분만 보면서 우리 한번 찾아 볼까?"

시어핀 마법사의 설명을 들은 프랙 왕자가 제안했다.

"프랙 왕자, 피타고라스 나무가 아주 많은 도형으로 만들어졌다고 생각했는데, 한 부분만 보니 서로 다른 크기의 정사각형과 거기에 끼인 삼각형 하나로 이루어져 있네. 다른 부분은 이것들이 반복되는 것 같아."

"그래. 그렇다면 이것들의 변화만 보면 해답을 찾아 낼 수 있을 것 같아. 도형을 생각하기 쉽게 기호를 적어 볼게."

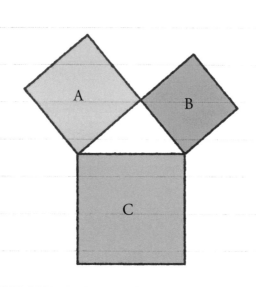

"써클 마녀가 준 문제를 생각해 보면 1, 2, 3번 모두 비슷한 방법으로 도형이 움직여졌어. 그렇다면 피타고라스 나무도 도형을 넓이가 같은 다른 도형으로 변화시켜서 넓이를 비교하는 거 아닐까?"

"좋은 생각인데? 한번 비교해 볼까? 피타고라스 나무와 같은 도형들을 여기 모눈종이에 똑같이 그려 보자."

프랙 왕자는 피타고라스 나무 중심부의 세 정사각형을 모눈종이에 그렸다.

"리원아, B의 도형을 긴 직사각형 B′-1과 B′-2, 이렇게 두 개로

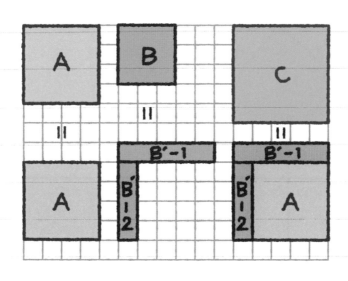

나누어 생각해 보자."

"그래, 이렇게 하니 세 도형의 넓이를 비교하기가 더 쉬울 것 같은데?"

"잠깐, B′-1, B′-2와 A를 합하니까?"

"와, C와 넓이가 똑같아."

"오, 정말 그래."

우리는 마치 새로운 법칙을 발견한 것처럼 기뻐했다.

"그러니까 'A의 넓이($a \times a$) + B의 넓이($b \times b$) = C의 넓이($c \times c$)'가 되는 거구나."

"오, 프랙 왕자 제법인데? 그리고 이 도형을 아까 피타고라스 나무

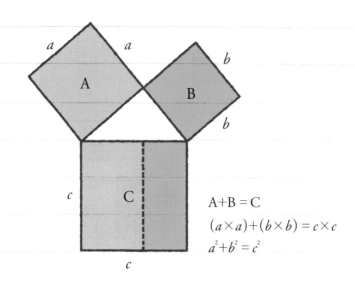

$$A+B = C$$
$$(a \times a)+(b \times b) = c \times c$$
$$a^2+b^2 = c^2$$

와 같이 붙여 주면 이런 모습이 되고. 그러니까 작은 두 정사각형의 넓이를 더하면 아래 큰 정사각형의 넓이가 된다는 거지."

"피타고라스 나무가 움직일 때마다 도형의 넓이가 변하지. 음, 그러면 다른 경우에 세 도형의 넓이를 비교해 보자."

"그래, 프랙 왕자."

"와우, 리원아. 다른 모양으로 변해도 세 도형의 넓이 관계가 적용돼."

"신기하네. 그렇다면 피타고라스 나무가 움직여도 넓이는 항상 변하지 않는다는 건데……."

심각한 표정으로 생각에 잠겨 있던 프랙 왕자는 손뼉을 치면서 소

기하 왕국의 규칙에 담긴 비밀

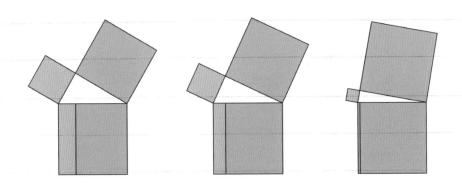

모양이 변해도 세 도형의 넓이의 합은 일정하다.

리쳤다.

"정답은 '피타고라스 나무가 움직여도 피타고라스 나무의 넓이는 변하지 않는다.'는 거야!"

프랙 왕자가 정답을 말하자마자 갑자기 눈앞이 번쩍이면서 피타고라스 나무가 다시 움직이기 시작하였다.

"왕자님, 리원님, 초롱님. 아주 훌륭하십니다. 세 분이 힘을 합치니 충분히 하실 수 있네요."

우리는 모두 즐거운 미소를 머금고 시어핀 마법사를 쳐다보았다.

"그런데 마법사님, '피타고라스 나무가 움직여도 피타고라스 나무의 넓이는 변하지 않는다.'는 의미를 정확하게 모르겠어요. 조금 쉽게 설명해 줄 수 있나요?"

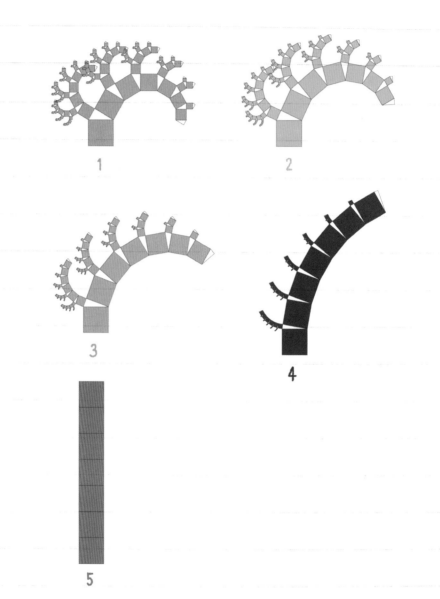

1

2

3

4

5

기하 왕국의 규칙에 담긴 비밀

"네, 리원님. 프랙탈 나무를 여러 모습으로 나누어 설명해 보도록 하겠습니다. 자, 여기 피타고라스 나무의 모습 다섯 가지가 있습니다. 제가 순서대로 1~5로 번호를 정했습니다."

"아, 지금 움직이는 피타고라스 나무의 모습들이네요. 그런데 5번의 경우 피타고라스 나무가 맞나요? 그냥 사각형이 쌓여 있는 건데요."

"그렇게 생각하실 수도 있을 것 같습니다. 그럼 제가 천천히 단계별로 설명해 드리겠습니다. 일단 1번 그림을 보실까요?"

시어핀 마법사는 1번 그림의 맨 아래에 있는 사각형을 가리켰다.

"맨 아래에 있는 정사각형의 넓이는 다른 번호의 그림에서도 변하지 않는 게 보이시죠?"

"네, 변하지 않네요."

"이제 2번 그림을 보실까요? 1번하고 차이점이 무엇인지 아시나요?"

"음, 아까 피타고라스 나무의 중심을 확대해서 공부했던 것으로 설명하면, 중심에 있는 사각형 A, B, C 중에서 A가 작아지면서 B가 커지네요. 그리고 사각형 A는 다시 이런 과정을 반복하는 것 같아요."

"그럼 이들의 넓이는 어떻게 될까요?"

"**한 사각형이 줄어들지만 다른 사각형의 넓이가 그만큼 늘어나므로**

3. 기하 왕국의 상징과 비밀

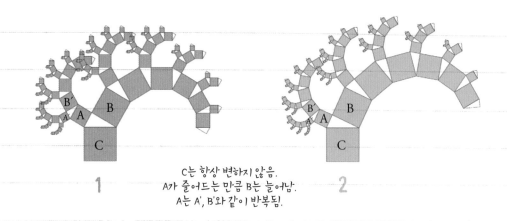

C는 항상 변하지 않음.
A가 줄어드는 만큼 B는 늘어남.
A는 A', B'와 같이 반복됨.

1   2

변하지 않을 것 같아요."

"맞습니다. 이것처럼 3, 4번에서도 넓이가 변하지 않습니다."

"그렇네요. 4번까지는 이해가 되는데 5번은 잘 모르겠어요."

"같은 원리입니다. 아까 한 사각형의 넓이가 줄어들면, 다른 사각형의 넓이가 늘어난다고 하셨죠? 그럼 한 사각형의 넓이가 0이 되면 어떻게 될까요?"

"아! A＋B＝C에서 A 사각형이 0이 되므로, B는 C와 같아지는군요."

"네, 맞습니다. 그래서 피타고라스 나무는 움직여도 넓이가 변하지 않게 되는 것입니다."

"이제 명확히 이해가 되요."

"피타고라스 나무 정사각형들의 넓이 관계를 알아내셨는데, 이 관계가 뭔지 아시나요?

기하 왕국의 규칙에 담긴 비밀

"대충은 알겠는데. 리원아, 초롱아, 너희는 아니?"

프랙 왕자가 물었다.

"정확하게는 모르겠어."

나와 초롱이는 누가 먼저랄 거 없이 대답하였다.

"제가 아까 피타고라스 공식이 '**직각삼각형 빗변 길이의 제곱은 나머지 두 변의 각각의 길이 제곱의 합과 같다.**'라고 했죠? 이것을 피타고라스 나무에 적용해 보면 각 정사각형의 넓이는 a^2, b^2, c^2로 표현이 됩니다. 아까 여러분이 찾은 것처럼 $c^2 = a^2 + b^2$이니, 바로 피타고라스의 정리와 똑같죠. 이 나무의 이름이 피타고라스 나무인 이유가 피타고라스의 정리를 그대로 표현하고 있어서입니다."

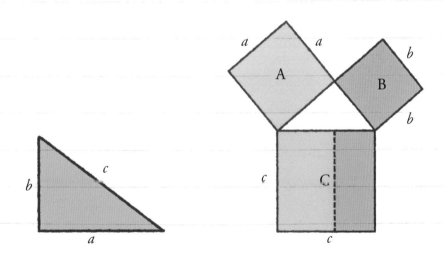

3. 기하 왕국의 상징과 비밀

"와아!"

우리는 탄성을 질렀다.

"진짜 신기해요. 수학 공식이 실제로 존재하는 나무라니!"

"내 왕국의 상징인데, 나도 몰랐네. 하하하. 자, 이제 밤도 깊었으니 성으로 돌아가서 푹 쉬도록 하자."

"응, 너무 피곤하다. 하지만 아주 많은 것을 배운 보람찬 하루였어."

나는 프랙 왕자를 따라서 성으로 돌아와서 잠자리에 들었다. 하지만 오늘 있었던 일을 생각하느라 좀처럼 잠들지 못하였다.

다음 날 아침, 창문으로 비치는 햇살과 새소리에 잠을 깼다. 어제 여러 가지 일을 해결하느라 성 안을 제대로 구경하지 못한 나는 성 안이 어떤 모습인지 궁금한 생각이 들었다.

"초롱아, 우리 성 안을 좀 둘러보자."

"그래. 성이 엄청 크던데 신기한 게 많을 거야. 같이 구경하자."

기하 왕국 퀴즈 3

기하 왕국의 상징인 '피타고라스 나무'는 항상 움직입니다. 이때 피타고라스 나무의 넓이는 어떻게 변하나요?

기하 왕국의 규칙에 담긴 비밀

규칙으로 이루어진 세계

4

나와 초롱이는 옷을 갈아입고, 성 안을 구경하기 시작하였다. 아직 이른 아침이라 성 안에는 아무도 없었다.

우리는 성 안을 둘러보다 벽난로와 여러 미술품들이 있는 방을 발견하였다.

"이 방에 신기한 것들이 많은데? 한번 들어가 보자."

방을 둘러보니 얼굴이 사각형인 사람의 동상, 아래는 말이고 얼굴은 둥근 모양인 사람의 동상 등 여러 미술품들이 있었고, 벽난로에는 불이 타고 있었다.

"손잡이가 있네. 한번 당겨 볼까?"

초롱이가 벽난로 옆에 있던 손잡이를 잡아당겼다.

'우루룩!'

갑자기 바닥이 열리면서 벽난로 앞에 서 있던 우리는 밑으로 떨어
지고 말았다.

한참 후에 깨어나 보니 아주 푹신한 풀밭에 초롱이와 함께 쓰러져
있었다.

기하 왕국의 규칙에 담긴 비밀

그곳은 성 안이라고 믿겨지지 않게 따뜻한 햇살이 내려쬐고 있었다. 우리 앞에는 작은 호수가 있고, 여러 식물이 자라고 있었다.

그리고 우리 앞에 큰 나무 상자가 놓여 있었다. 그 나무 상자 위에는 다음과 같은 글이 씌어 있었다.

여기 들어온 자, 기하왕국의 미래를 구하리라.

상자를 열어 보니 보드 판 두 개가 들어 있었다. 두 개 다 그림이 그려져 있었는데, 하나에는 직사각형 그림이, 다른 하나에는 기하

왕국의 지도가 그려져 있었다.

그리고 각각의 보드 판 뒤에는 글이 씌어 있었다.

"리원아, 이 보드 판에 무슨 글이 씌어 있어. 여기에 기하 왕국의
미래를 구할 힌트가 있을지도 몰라. 우리 한번 읽
어 볼까?"

초롱이가 눈을 반짝이며 물었다.

"그래. 일단 직사각형이 그려져 있는 보드
판부터 읽어 보자."

나와 초롱이는 눈을 크게 뜨고 글자 하나
라도 놓칠세라 꼼꼼히 읽어 내려갔다.

★ **유클리드**
기원전 330년에 활
약한 그리스의 수
학자. 유클리드 기
하학을 만든 사람

★ **유클리드** 왕께서는 모든 것들이 정사각형 모양이어야 하며, 가진
재료들로 만들어질 수 있는 가장 큰 정사각형이길 원하셨다. 이에 정
원에 꽃을 심기 위해 다른 꽃들이 심어지는 경계를 정사각형 모양으
로 만들어야 했다.

앞의 보드 판은 가로 2400m×1500m의 직사각형 정원을 축소해 놓
은 것이다. 네가 꽃들의 구역을 정확히 배치한다면 유클리드 왕의 지
혜를 받을 것이다.

단, 틀릴 경우 문제를 해결하려던 자는 다른 사람이 문제를 해결할 때
까지 잠들 것이다.

"이거 무슨 문제 같은걸? 우리한테 해결하라는 건가 봐."

"여기 앞에 직사각형 모양의 그림을 정사각형 모양으로 구역을 나누면 된다는 내용이네. 너무 쉬운데? 내가 해 볼게."

초롱이는 직사각형의 보드 판에 정사각형을 그리기 시작하였다.

"자, 완성! 그냥 정사각형들을 마음대로 배치……."

초롱이는 말을 끝내기도 전에 땅에 쓰러져 잠들어 버렸다.

"초롱아, 초롱아! 너무 성급하게 생각했어……. 이제 어쩌지? 내

4. 규칙으로 이루어진 세계

가 이 문제를 해결해야만 초롱이가 다시 깨어날 수 있을 텐데……. 찬찬히 생각해 보자.”

'직사각형? 가장 큰 정사각형?'

“아, 직사각형 안에 정사각형을 넣되, 정사각형들이 가장 크게 되도록 배열하라는 거지? 2400m×1500m를 바로 하기에는 너무 어려워. 예전에 아빠가 말씀하셨지. 복잡한 것은 단순화해서 생각해 보라고. 일단 내 생각대로 그려서 맞는지 확인해 보자.”

나는 사각형들을 땅에 그려 보며 내가 생각했던 것이 맞는지 검토해 보았다.

'만약 7cm×3cm의 직사각형에 가장 큰 정사각형을 넣는다고 생

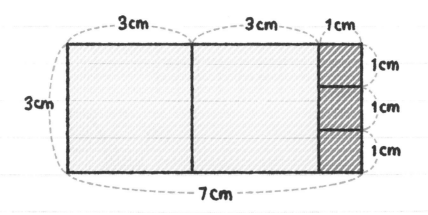

기하 왕국의 규칙에 담긴 비밀

각해 보자. 처음에는 한 변이 3cm인 정사각형을 두 개 넣자. 그럼 1cm×3cm가 남으니까, 여기에는 한 변이 1cm인 정사각형 3개를 그리면 되겠네.'

처음 문제는 생각처럼 그려 보니 해결할 수 있었다.

'이런 식으로 하면 되는지 하나만 더 해 보자.'

이번엔 좀 더 어려운 것으로 그려 보기로 했다.

'이번엔 8cm×3cm인 직사각형이 있다고 하자. 먼저 가장 큰 정사각형으로 한 변이 3cm인 것을 두 개 넣으면 2cm×3cm인 직사각형이 남지. 여기에 들어가는 가장 큰 정사각형은 한 변이 2cm인 정사각형이고, 다시 2cm×1cm인 직사각형이 남으니까 여기에 한 변이

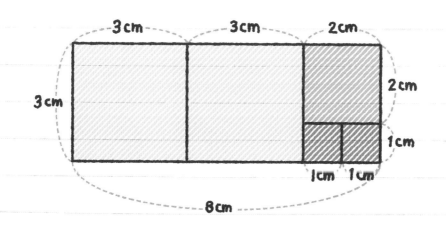

1cm인 정사각형 두 개를 넣으면 되네.'

"아, 이제 알았다. **직사각형 두 변 중에 작은 변의 길이가 항상 들어갈 수 있는 가장 큰 정사각형의 한 변의 길이가 되는구나.**"

나는 주어진 보드 판의 크기로 생각해 보았다.

'그럼 2400m×1500m에서 작은 변은 1500m이니까 처음에 들어갈 수 있는 가장 큰 정사각형은 한 변이 1500m짜리 한 개이고, 그러면 900m×1500m인 직사각형이 남으니까 이번에는 한 변이 900m인 정사각형이 한 개 들어가지. 다시 900m×600m인 직사각형이 남고, 여기에는 600m인 정사각형이 들어가. 그럼 300m×600m인 직사각

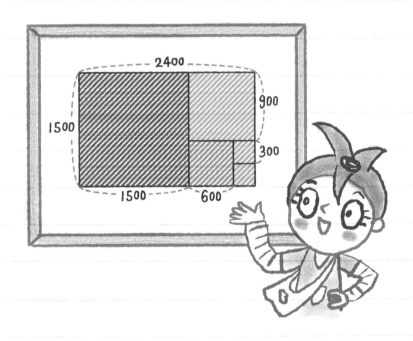

형이 남으므로 여기에 한 변이 300m인 정사각형 두 개를 넣으면 구역이 나누어지겠네. 얼른 보드 판에 그려야겠다.'

"아, 머리야."

내가 그림을 다 그리자, 초롱이가 잠에서 깨어났다.

"리원아, 네가 해결한 거야? 진짜 고마워. 휴, 잘못했으면 평생 잠만 잘 뻔했네."

초롱이가 보드 판의 그림을 보고 있을 때 보드 판 아래쪽에 있는 작은 서랍이 스르르 열렸다. 그 안에는 다음과 같은 내용이 씌어 있는 쪽지가 들어 있었다.

문제를 해결한 자여.
유클리드 왕이 좋아하는 문제를 해결하였구나.
네가 찾은 각 크기의 정사각형 개수는 나중에 너에게
큰 도움을 줄 것이니 잘 알아 두어라.

"내가 찾은 정사각형의 개수? 1500m짜리 한 개, 900m짜리 한 개, 600m짜리 한 개, 300m짜리 두 개니까, 1112라고 외워 두면 되겠다. 초롱아, 내가 잊어버릴지 모르니 너도 같이 외워 둬."

"그래, 1112. 이제 두 번째 보드 판의 글을 읽어 보자. 우리가 해결할 수 있는 문제면 좋겠는데⋯⋯."

초롱이가 두 번째 보드 판의 글을 읽었다.

> 우리 왕국은 앞면의 지도와 같이 여러 구역으로 나누어져 있다. 각 구역은 전혀 다른 문화를 가진 사람들이 살아가고 있다. 지도를 여러 가지 색으로 칠하고자 하는데, 최소한의 색으로 칠하여야 한다. 단, 서로 근접해 있는 곳은 무조건 다른 색으로 칠해야 한다.

초롱이가 다시 보드 판 앞면을 보았다. 우리가 기하 왕국을 처음 들어오면서 봤던 기하 왕국의 모습이 그려져 있었다.

"초롱아, 상자에 색연필도 같이 들어 있다. 최소한의 색이라고 했으니, 적은 색을 써서 모두 색칠을 하면 되는 거네. 이번에는 바로 색칠하지 말고, 여러 경우를 그려 본 후 정답을 색칠하자."

"응, 나도 성격이 급한 게 문제인 것 같아. 여러 경우를 만들어 보고 해답을 찾아보자."

초롱이가 겸연쩍은 듯 말했다.

우리는 지도를 그리고, 여러 가지 경우로 색칠을 해 보았다.

"우리가 그린 그림들 중에 고칠 부분을 서로 찾아볼까?"

기하 왕국의 규칙에 담긴 비밀

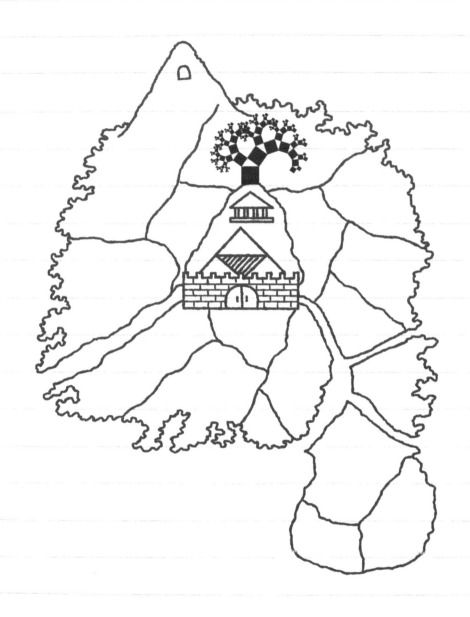

4. 규칙으로 이루어진 세계

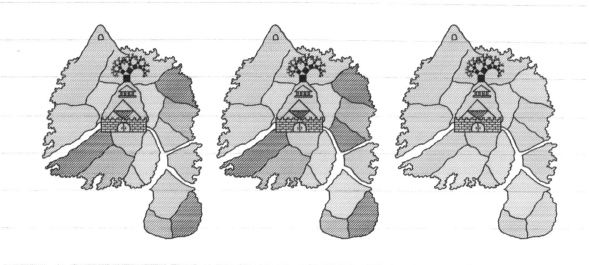

"그래. 리원아, 네가 그린 그림 중에 이건 같은 색깔을 칠해도 될 것 같은데?"

"그러네. 네가 그린 그림에는 서로 다른 색깔로 칠해야 하는 부분이 있어."

"음, 나누어진 곳이 적으면 한두 가지 색으로 충분히 칠할 수 있을 것 같은데, 나누어진 구역이 많으니까, 최소한 네 가지 색으로 하면 충분히 색칠을 할 수 있을 거 같아."

"그래. 리원아, 네 가지 색으로 보드 판에 차근차근 색칠해 보자."

우리는 각자 두 가지 색의 색연필을 들고, 보드 판에 색칠을 해 나갔다. 정말 네 가지 색으로 근접한 부분에 색이 겹치지 않도록 모두 칠할 수 있었다.

기하 왕국의 규칙에 담긴 비밀

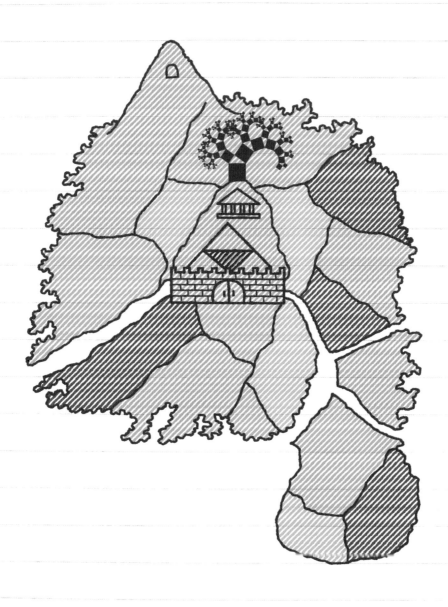

4. 규칙으로 이루어진 세계

현명한 자여.

몇 가지 색인가?

그 색의 개수가 너의 마지막 숫자이니라.

색을 다 칠하자 이번에도 보드 판의 서랍이 열리며 쪽지가 나왔다.

"아까 숫자가 1112였지? 그럼 우리가 찾은 색깔이 네 가지니까 11124라는 숫자네, 이게 우리에게 어떻게 도움을 준다는 거지?"

"리원아, 저기에 아까 내가 당겼던 손잡이와 똑같이 생긴 손잡이가 있어. 저걸 당기면 아까 그 방으로 다시 갈 수 있을 것 같아."

"좋아, 어서 가 보자."

나와 초롱이는 손잡이 앞에 다가갔다.

"그런데 위에 자물쇠가 있다. 5자리로 이루어진 자물쇠야!"

"아, 우리가 아까 찾은 숫자가 5자리였잖아. 11124"

"그 숫자를 넣어 보자!"

초롱이가 자물쇠의 숫자를 11124로 맞추자 자물쇠가 '딸깍!' 하고 열렸다. 그리고 손잡이를 당기자, 땅이 갈라지면서 계단이 나왔다. 계단을 걸어서 올라오자 아까 그 방의 벽난로 옆으로 나올 수 있었다.

기하 왕국의 규칙에 담긴 비밀

"리원아."

방으로 올라오자, 프랙 왕자가 달려왔다.

"어디 있었던 거야? 우리 성에는 나도 잘 모르는 비밀의 방이 많으니, 조심해야 해."

"벌써 비밀의 방 하나에 들어갔다 나왔어. 너무 신기해서 큰일 날 뻔했지만, 후후."

나는 초롱이에게 눈을 찡긋했다.

"그래? 비밀의 방은 한번 들어가면 나오기 힘든 곳인데 무사히 나와서 다행이다. 아 참, 시어핀 마법사가 우리나라의 여러 가지를 너희들에게 알려 준대. 같이 내 공부방으로 가자."

프랙 왕자는 우리를 이끌고, 원형 계단을 올라갔다. 성에 들어올 때처럼 여러 도형으로 되어 있는 문을 열고 들어가자 공부방이 나왔다. 시어핀 마법사가 칠판 앞에서 우리를 기다리고 있었다.

"그럼 나중에 다시 보자."

프랙 왕자는 할 일이 있다며 방을 나갔다.

'여기까지 와서 공부라니…….'

"리원님, 오셨군요. 성으로 오시는 길에 프랙 왕자님이 동식물의 대칭에 대해 말씀하셨다고 들었습니다. 그래서 그 이야기에 이어서 제가 저희 왕국을 이루고 있는 여러 규칙들을 알려 드리겠습니다."

111

시어핀 마법사는 우리에게 솔방울을 보여 주었다.

"먼저 자연 속의 규칙을 몇 가지 알려 드릴까 합니다. 이게 뭔지 아시나요?"

"솔방울이잖아요."

초롱이가 너무 쉬운 문제라는 듯 시큰둥하게 대답했다.

"네, 솔방울 맞습니다. 이 솔방울이 규칙을 가지고 있는데 혹시 찾을 수 있으시겠어요?"

"솔방울에 규칙이 있어요? 음……, 비스듬한 무늬가 연속적으로 있다?"

★ 피보나치
1200년경 활동한, 아라비아 숫자를 유럽에 소개한 이탈리아 수학자

★ 수열
일정한 규칙에 따라 순서를 매긴 수를 $a_1, a_2, a_3, \cdots, a_n$ 과 같이 순서대로 배열한 것

"리원님 말씀대로 무늬가 있지요? 그런데 그것이 규칙을 가지고 있습니다. 이것을 ★ 피보나치 ★ 수열이라고 하는데, 예를 들어 1, 1, 2, 3, 5, 8, 13, 21, 34, …의 수가 있을 때 이 수들은 1+1=2, 1+2=3, 2+3=5 와 같이 **앞의 두 수를 더해서 다음 수를 만드는 규칙을 가진답니다.** 또 $\dfrac{\text{앞의 수}}{\text{뒤의 수}}$ 가 $\dfrac{1}{1}=1$, $\dfrac{2}{1}=2$, $\dfrac{3}{2}=1.5$, $\dfrac{5}{3}=1.666\cdots$, $\dfrac{8}{5}=1.6$, $\dfrac{13}{8}=1.625$, $\dfrac{21}{13}=1.615$, … 등으로 **1.618…에 가까워집니다.**"

"그럼 뒤로 갈수록 비율이 뒤의 수가 앞의 수의 1.618…배가 된다는 말씀이신 거죠?"

"맞습니다. 솔방울에 시계 방향으로 선을 그려 보면 8개의 나선 모양이 나오고, 시계 반대 방향으로 선을 그려 보면 13개의 나선 모양이 그려집니다. 8:13으로 피보나치 수열의 두 수이지요."

"어? 정말 그러네요? 그럼 솔방울과 비슷한 껍질을 가지고 있는 파인애플도 피보나치 수열을 만족하나요?"

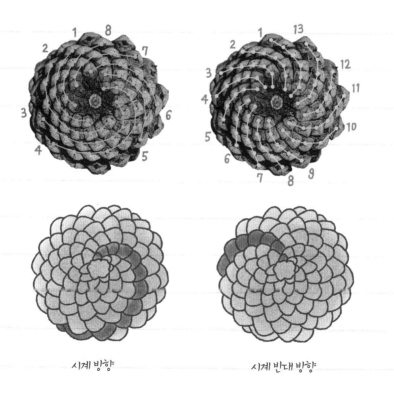

시계 방향   시계 반대 방향

"우리 리원님은 참 똑똑하시네요. 솔방울과 파인애플을 연관시키시다니요. 맞습니다. 파인애플의 겉은 육각형 모양의 껍질로 덮여 있는데, 이 껍질들도 왼쪽 방향으로 비스듬히 아래로는 8개, 오른쪽 방향으로 비스듬히 아래로는 13개가 배치되어 있습니다. 그리고 다른 예로는 우리 주변에 많은 나뭇가지가 뻗어 나가는 것도 피보나치 수열과 연관이 있다고 합니다."

"아, 그렇군요."

나는 자연 속에 수학이 숨어 있다는 사실이 놀라웠다.

"그리고 우리가 보고 있는 대부분의 꽃들도 꽃잎이 3, 5, 8, 13, 21, …의 피보나치 수열의 개수를 갖는다고 하니, 주변의 꽃을 한 번 관찰해 보시기 바랍니다."

"아, 우리 주변에 피보나치 수열이 이렇게 많다는 게 경이로워요."

"아직 놀라시기는 이른데, 혹시 잎이 나는 모양에 대해 과학 시간에 배우셨나요?"

"잎이 나는 모양요?"

"네, ⊛ 잎차례라고 줄기에서 잎이 나와서 배치되는 모양을 말하는데, 잎차례는 식물마다 다르지요."

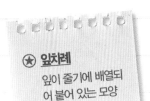

⊛ **잎차례**
잎이 줄기에 배열되어 붙어 있는 모양

"잎이 나는 모양이 식물마다 다르다고요?"

"네, 잎이 나는 모양에는 **어긋나기**, **돌려나기**, **마주나**

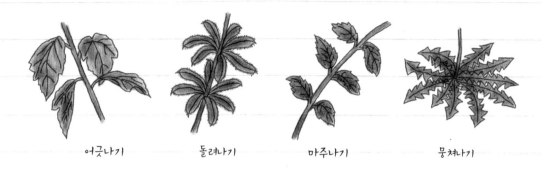

어긋나기   돌려나기   마주나기   뭉쳐나기

식물의 잎차례

기, 뭉쳐나기 등이 있습니다. 여러 식물들을 보시면서 확인해 볼까요? 식물들아 나와라, 얍!"

시어핀 마법사가 요술봉을 휘두르자 눈앞에 여러 종류의 식물이 나타났다.

"첫 번째 것은 잎이 줄기를 따라 올라가면서 같은 부분에 나는 것이 아니라, 서로 어긋나면서 나죠? 이것은 어긋나기라고 합니다. 그리고 두 번째 것은 마디 부분에 잎이 여러 장 돌려나는 것으로, 돌려나기라고 합니다. 세 번째 것은 잎이 줄기를 따라 올라가면서 나는 것은 어긋나기와 같지만, 어긋나는 것이 아니라 같은 곳에 양쪽으로 두 장의 잎이 나는 것으로, 마주나기라고 합니다. 그리고 마지막으로 뭉쳐나기는 줄기나 뿌리 주변에 여러 잎이 뭉쳐서 나는 것입니다."

"네, 그냥 볼 때는 비슷해 보이는데, 자세히 보니 잎이 나는 모양

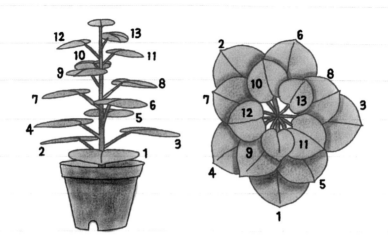

이 조금씩 다르네요."

"이때도 식물의 90% 정도가 피보나치 수열의 잎차례를 따르고 있다고 해요. 그 이유는 피보나치 수열을 따라서 잎이 나면 모든 잎이 바로 위의 잎에 의해 가려지지 않기 때문에 햇빛을 최대한 받을 수 있도록 잎이 엇갈려 배치된다고 합니다."

"꿀벌만 지혜로운 게 아니라, 식물들도 생각보다 지혜롭군요."

초롱이가 고개를 끄덕이며 감탄한 듯 말했다.

"여기 잎차례 모양을 만들어 손전등을 비춰 볼까요?

나는 시어핀 마법사가 만들어 준 잎차례 모양에 이리저리 손전등을 비춰 보았다.

"와, 손전등을 여러 곳에서 비추어도 잎이 거의 비슷하게 빛을 받아요."

기하 왕국의 규칙에 담긴 비밀

"네, 그렇습니다. 그렇게 모든 잎들이 고루고루 햇빛을 받아 식물이 생장하는 데 효율적이 되는 것입니다."

"식물들도 생존하기 위해서 본능적으로 피보나치 수열을 따르는 거군요. 그런데 아까 피보나치 수열에서 앞뒤의 수가 1.618배에 가까워진다고 말씀하셨는데, 그것도 어떤 의미가 있는 건가요?"

"오, 리원님은 하나를 가르쳐 드리면 열 개를 아시는 것 같습니다. 1.618배는 우리 생활에 엄청난 의미를 가지고 있습니다. 혹시

4. 규칙으로 이루어진 세계

'황금비'라는 것을 들어 본 적 있으십니까?"

"네, 예전에 텔레비전에서 황금비를 가진 얼굴이라고 하며, 아름다운 여자가 나왔던 것을 본 적이 있어요."

이때, 초롱이가 자리에서 슬며시 일어났다.

"리원아, 미안한데, 공부는 나한테 안 맞는 것 같아. 나는 밖에서 뛰어놀고 있을 테니 열심히 공부해."

초롱이가 나가자 다시 시어핀 마법사가 말을 이어갔다.

"황금비는 리원님이 말씀하신 것처럼 사람의 얼굴에도 해당이 되고, 우리 주변의 모든 사물에 적용이 됩니다."

"모든 사물에 적용이 된다고요?"

"네, 황금비는 우리가 어떠한 것을 봤을 때, 가장 안정적이고 아름답게 보이는 비율이라고 합니다. 사람들에게 모양이 다른 여러 개의 사각형을 보여 주고 마음에 드는 사각형을 선택하라고 하면 대부분의 사람들이 황금비로 만들어진 사각형을 선택한다고 합니다. 그래서 이 직사각형을 '황금 사각형'이라고 부르기도 합니다."

"황금 사각형이라고요?"

"네, **황금 사각형은 두 변의 길이 비가 황금비(1:1.618)를 이루는 사각형**을 말합니다. 자연의 동식물들은 본능적으로 이 비율에 따르게 되고, 인간도 예술품을 만들거나 건축을 할 때, 아름답게 보이기 위해 이 비율을 많이 사용해 왔습니다. 여러 화가의 작품이나 이집트

기하 왕국의 규칙에 담긴 비밀

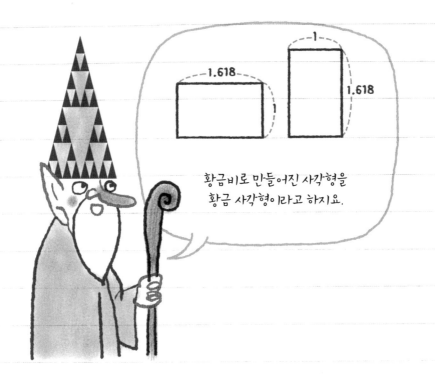

황금비로 만들어진 사각형을
황금 사각형이라고 하지요.

의 피라미드, 파르테논 신전, 비너스상 등이 대표적인 예라고 할 수 있지요.”

"그래서 비너스상을 보고 사람들이 아름답다고 느끼는 거군요.”

나는 단순한 모습의 비너스상을 보고 왜 그렇게 아름답다고 하는지 알 것 같았다.

"네, 맞습니다. 우리의 얼굴도 그 배치가 황금비에 가까우면 가까울수록 아름답게 느낀다고 합니다.”

"사람의 얼굴도 황금비에 가까울수록 아름답다니 참 신기한데요.

4. 규칙으로 이루어진 세계

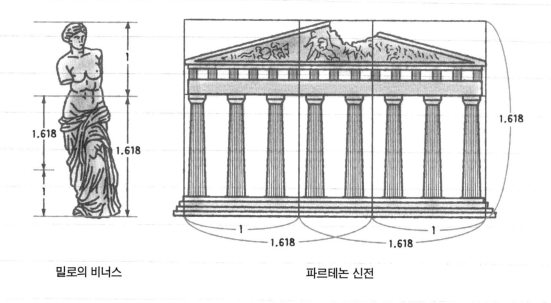

밀로의 비너스   파르테논 신전

그럼 동식물 중에 황금비를 가지고 있는 것에는 어떤 것들이 있나요?"

시어핀 마법사는 책장에서 책을 하나 꺼내 그림을 보여 주었다.

　　　"이 생물은 앵무조개라고 합니다. 태평양에 살

며, 몸의 구조가 아주 원시적인 구조를 가지고

있어 살아 있는 ⭐ 화석이라고 하지요. 그런데

여기 앵무조개의 껍데기를 보면 황금비를 찾으

실 수 있을 겁니다."

　　　"껍데기에서요?"

　　　"앵무조개의 껍데기에서는 이렇게 나선 구조를 볼 수 있

는데, 이것을 황금 나선 구조라고 부르죠. 크기가 1:1.618인 사각

⭐ **화석**
지질 시대에 살던
동식물의 사체나
흔적이 퇴적물에
남아 있는 것을 모
두 일컫는 말

기하 왕국의 규칙에 담긴 비밀

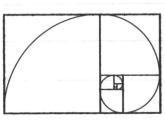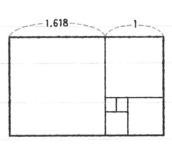

앵무조개의 황금 나선 구조

형들로 만들어진 것입니다."

"사각형요? 그냥 곡선으로 보이는데요?"

"먼저 정사각형을 하나 그려 볼까요? 그리고 새로 만들 정사각형과 기존의 정사각형의 변의 길이가 1:1.618이 되게 그립니다. 이것을 반복해 나가면 황금 비율로 만들어진 정사각형이 되는데, 이 정사각형의 한 변을 반지름으로 하는 ⊛ 호를 각각 그리면 황금 나선 구조가 되는 겁니다."

"와, 마술 같아요. 또 다른 건 없나요?"

나는 수학이 이렇게 재미있는 줄 몰랐다.

"그럼, 규칙은 아니지만, 자연의 수학적인 면을 하나 알아볼까요? 리원님, 우리가 어떤 들판에서 반대쪽으로 갈 때, 가장 짧은 거리로 가는 방법은 뭐가 있을까요?"

> **⊛ 호**
> 원주 위의 서로 다른 두 점이 만들어 내는 원주의 일부분. 원주 위의 두 점은 원주를 두 개의 호로 나눈다. 중심각이 커지면 호의 길이도 길어진다.

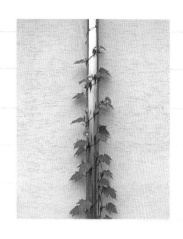

"직선으로 쭉 가는 게 제일 빠르죠."

"네, 맞습니다. 그런데 여기 보시는 나팔 꽃은 직선으로 올라가지 않고 왜 이렇게 가는 걸까요?"

"그러게요. 그대로 위로 올라가면 더 빠를 텐데……."

"나팔꽃이 가장 짧은 거리를 이용하여 자라지 않는 것처럼 보이지만, 사실은 기둥에 지지하면서 이동할 수 있는 방법 중에 가장 짧은 거리를 이동하며 자란답니다. 나팔꽃이 감고 올라가는 기둥이 원통 모양이기 때문에 그렇습니다. 여기 보시면 하나의 직사각형이 있습니다. 아래쪽에서 반대쪽 위로 움직이기 위해서는 대각선이 가장 빠른 길이죠? 이걸 원통 모양으로 감으면……."

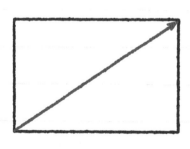 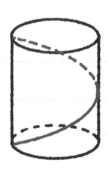

기하 왕국의 규칙에 담긴 비밀

"어쩜, 나팔꽃이 나무를 타고 올라가는 경로와 같아요."

"네, 나팔꽃은 나선형으로 올라가는 게 최단 거리가 된다는 걸 본능적으로 알고 그렇게 자라는 것입니다. 자연은 대단하죠?"

"그런 것 같아요. 모든 것에 규칙이 있고, 그것을 본능적으로 알고 행동한다는 게요."

시어핀 마법사는 책을 덮으며 이야기를 이어갔다.

"지금까지는 여러 자연과 관련된 규칙을 알아봤고요. 이제는 사람이 서로 간에 약속한 것들을 알아볼까 합니다."

"사람들 사이의 약속이라고요?"

"네, 우리가 쓰는 단위가 한 예입니다. 기하 왕국은 리원님이 사시는 나라와 길이, 무게 단위는 같지만, 넓이의 단위는 다르답니다."

시어핀 마법사는 칠판에 그림을 그리기 시작하였다.

"우리가 길이, 넓이라고 부르는 것은 사람끼리의 약속입니다. 만약 사람마다 1m의 길이가 다르다면, 어떤 일이 생길까요? 이 그림의 왼쪽은 리원님의 나라에서 사용하는 ★ $1m^2$ 를 나타낸 것입니다. 그리고 오른쪽은 우리 왕국에서 사용되는 단위인 1math를 나타낸 것입니다. 어떤

★ $1m^2$
넓이의 단위로 각 변이 1m인 정사각형의 넓이를 말한다.

4. 규칙으로 이루어진 세계

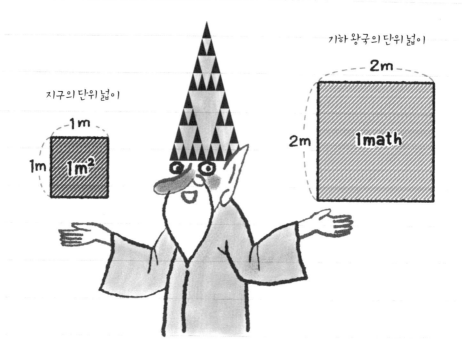

지구의 단위 넓이

기하 왕국의 단위 넓이

차이점이 있는지 아시겠나요?"

"사각형의 변의 길이가 달라요."

"네, 그렇다면 넓이는 어떨까요? 기하 왕국에서 사용하는 1math는 $2m \times 2m = 4m^2$입니다. $1m^2$과는 차이가 많이 나지요. 같은 단위 넓이 1이지만, 의미하는 것이 많이 다르니 잘 생각해서 사용하셔야 합니다."

"서로 다른 단위를 사용하면 어떤 문제점이 있나요?"

"예를 들어서 설명해 드리겠습니다. 리원님 나라의 $12m^2$의 땅을 기하 왕국의 단위로 표시한다면 3math입니다. 그런데 두 나라가 서로 무역을 하다 단위를 헷갈리게 되면 3math의 땅을 3m²으로 거래하는 경우가 생길 수도 있는 겁니다."

"그렇겠네요."

나중에 내가 커서 기하 왕국과 무역을 하게 되면 조심해야겠다는 생각이 들었다.

"제가 말씀드린 것은 일반적인 단위이고, 모든 나라는 그 나라만의 화폐 단위를 가지고 있습니다. 리원님 세계의 경우, 리원님 나라는 '원'이라는 단위를 사용하지만, 미국은 '달러'를, 일본은 '엔', 유럽은 '유로'라는 단위를 사용하고 있습니다. 그리고 그 **화폐는 상대적인 가치를 가지게 됩니다.**"

"상대적인 가치요? 그게 뭐죠?"

"상대적인 가치라는 것은 화폐마다 의미하는 것이 다르다는 것

미국 화폐

일본 화폐

유럽 화폐

4. 규칙으로 이루어진 세계

입니다. 예를 들면 우리나라의 1000원은 미국 화폐 1달러, 일본 화폐 100엔과 비슷한 가치를 가집니다. 따라서 1000원을 가지고 미국에 가면 1달러짜리의 물건을 살 수 있는 것입니다. 다만 1000원의 가치는 날마다 변하지요. 어떤 날은 1200원이 1달러를, 어떤 날은 900원이 1달러를 의미하기도 합니다. 우리는 이것을 '환율'이라고 부르고 있습니다. 그리고 **무역을 할 때는 환율을 따져서 거래를 하고 있습니다.**"

"그렇군요. 그럼 우리나라 화폐의 가치가 낮아지면 수출이 잘되겠네요. 예를 들어 1달러가 1000원의 가치였는데, 1100원으로 올라가면 외국 사람들은 같은 1달러로 더 좋은 물건을 사거나, 물건을 싸게 사게 되니까 우리나라 물건을 많이 살 수 있잖아요?"

"네, 맞습니다. 그러나 수출은 많이 하게 되겠지만, 반대로 수입하는 물건은 비싸지겠지요."

"아, 우리나라랑 기하 왕국도 서로 무역을 할 수 있는 날이 왔으면 좋겠어요."

나와 시어핀 마법사가 여러 이야기를 나누고 있을 때, 정원 쪽에서 초롱이가 외치는 소리가 들려왔다.

"리원아, 도와줘! 초롱이 살려!!"

나와 시어핀 마법사는 밖으로 허겁지겁 달려 나갔다. 프랙 왕자도

기하 왕국의 규칙에 담긴 비밀

초롱이의 외치는 소리를 들었는지 서둘러 달려오고 있었다.

정원으로 달려가자 둥근 얼굴을 가진 마녀가 하늘에서 빗자루를 타고 마법 지팡이로 초롱이에게 붉은빛을 쏘고 있었다.

기하 왕국 퀴즈 4

나팔꽃은 직선으로 자라는 것이 아니고 나뭇가지를 감고 자라는데, 나팔꽃 줄기가 자란 거리가 최단 거리가 되는 이유는 무엇인가요?

어떠한 지도도 4색만으로 색칠할 수 있을까요?

어떠한 지도도 4색만으로 색칠할 수 있을까요?

지도에서 인접한 두 국가는 다른 색깔로 되어 있어야 구분하기 쉬워요. 그래서 지도를 만들 때면 국가별로 색깔을 다르게 해 왔어요. 하지만 모든 국가를 다른 색으로 하기는 쉽지 않겠지요.

그래서 수학자들은 아주 복잡한 지도를 색칠할 때 색깔을 가장 적게 쓰는 방법을 연구하기 시작하였어요. 그리고 많은 수학자들이 나름대로 연구를 하여 인접한 국가를 다른 색으로 하는 데 최소로 필요한 색이 4색, 5색, 7색이라고 발표를 하였어요. 하지만 경우의 수가 많아 어느 주장이 맞는지 증명되지 않았지요.

독일의 수학자 하인리히 헤쉬(Heinrich Heesch, 1906~1995년)는 컴퓨터로 모든 경우의 수를 증명하면 될 것이라는 제안을 하였고, 1976년에 아펠과 하켄이 컴퓨터를 이용하여 4색 정리를 증명하는 데 성공하였어요. 4색 정리란 '평면을 몇 개의 부분으로 나누어 각 부분에 색을 칠할 때, 서로 맞닿은 부분을 다른 색으로 칠한다면 네 가지 색으로 충분하다는 정리'를 말해요.

그들은 컴퓨터에 '만약 4색 정리가 거짓이면, 5색이 필요한 구획들로 구성된 지도가 적어도 하나 이상 존재할 것이다.'라는 가설을 넣어 증명하였는데, 예외인 경우가 나오지 않았대요. 결국 4색 정리가 맞다는 증명이 된 셈으로, 컴퓨터로 수학 문제를 증명한 최초의 사건이었어요. 이 증명을 하기 위해 컴퓨터를 가동한 시간만 해도 1200시간이나 된다고 하네요.

그럼 정말 4가지 색으로 우리나라 지도를 색칠할 수 있는지 해 볼까요?

5 자연 속에서 프랙탈을 찾아라!

"초롱아!"

우리가 초롱이를 불렀지만, 초롱이는 순식간에 사라져 버렸다.

"호호호! 나는 써클 마녀다. 너희가 나의 제자인 패턴 마녀와 나의 마법을 풀었다고 하더군. 하지만 이번에는 간단하게 해결하지 못할 것이다. 너희도 이 강아지처럼 사라져 버려라!"

써클 마녀가 우리를 향해 지팡이를 휘둘렀다. 순간 눈앞이 빨개지는 듯하더니 정신을 잃어버렸다.

얼마나 시간이 흘렀을까? 정신을 차리고 주위를 둘러보던 나는 깜짝 놀랐다. 내 주변의 모든 물건들은 아주아주 커져 있었고, 프랙 왕자, 시어핀 마법사, 초롱이 등에는 날개가 나 있는 것이다.

기하 왕국의 규칙에 담긴 비밀

"이 세상이 커져 버렸나 봐."

"리원아! 아닌 것 같아. 세상이 커져 버린 게 아니라 우리가 작아진 것 같은데. 엉덩이에 침이 솟아나고, 등에 날개가 생긴 걸로 봐서 우리가 꿀벌이 되어 버렸나 봐."

"시어핀 마법사님, 다시 돌아갈 수 있는 방법은 없을까요?"

"이런 마법은 저도 처음 봅니다. 어찌해야 하는지 저도 잘 모르겠습니다."

이때 초롱이가 날아올라 떠나려는 써클 마녀의 빗자루에 올라타면서 우리에게 손짓을 하였다. 우리도 얼른 날갯짓을 하여 써클 마녀의 빗자루에 올라탔다.

"호호호. 이것들을 꿀벌로 만들었는데, 어디로 사라진 거지? 잡아서 ★ 곤충 표본을 만들어야 하는데……. 어쩔 수 없지. 일단 내 성으로 가야겠다."

써클 마녀는 빠른 속도로 하늘을 날기 시작하였다. 우리는 마녀의 빗자루 속으로 들어가 떨어지지 않게 빗자루를 꼭 잡았다.

> ★ **곤충 표본**
> 곤충의 몸 전체나 일부에 화학 약품으로 처리를 하여 보존하는 것

얼마 후 써클 마녀는 모든 것이 둥근 모양으로 생긴 써클 마녀의 성에 도착하였다. 마녀는 피곤했는지 하품을 하면서 빗자루를 거실 벽난로 옆에 세워 두고 자신의 방으로 갔다.

기하 왕국의 규칙에 담긴 비밀

"어디엔가 써클 마녀의 마법 책이 있을 겁니다. 그 책을 보면 마법을 푸는 방법을 알아낼 수 있을 것 같습니다."

시어핀 마법사가 주위를 둘러보며 말했다.

"네. 프랙 왕자는 나랑 같이 찾아보고, 초롱이는 마법사님이랑 같이 찾아보자."

"그래!"

우리는 두 팀으로 나뉘어 방을 뒤지기 시작하였다. 나와 프랙 왕자는 복도를 날아다니다 문에 써클 마녀의 그림이 있는 방에 들어가게 되었다. 책상 위에는 많은 마법 약이 있었으며, 그 옆에 책이 하나 펼쳐져 있었다. 우리는 둘이서 온 힘을 다해 책장을 넘기기 시작하였다.

"음……. 세상을 둥글게 하는 마법, 사람을 돼지로 만드는 마법……. 앗! 여기 있다. 사람을 꿀벌로 만드는 마법."

"리원아, 얼른 읽어 봐."

"그래, 이건 꿀벌로 만드는 방법이고……. 음, 마법을 푸는 방법은 '마법을 부리지 않는 자가 기하 왕국의 기원인 자연 속의 ⓧ 프랙탈을 세 가지 찾아 마법 주머니에 넣으면 마법을 풀 수 있을 것이다.'라고 적혀 있어."

"프랙탈? 프랙탈이 뭐지? 아, 이 옆에 있는

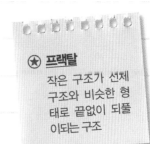

⭐ **프랙탈**
작은 구조가 전체 구조와 비슷한 형태로 끝없이 되풀이되는 구조

5. 자연 속에서 프랙탈을 찾아라!

것이 마법 주머니인가 보네. 얼른 챙겨 가서 시어핀 마법사에게 물어보자."

우리는 마법 주머니를 챙겨서 방을 나오기 위해 다시 날아올랐다. 그때 아주 큰 별표가 그려져 있는 책이 보였다. 그 책에는 세상을 둥글게 만드는 마법이 적혀 있었다.

'별표가 그려져 있는 걸 보니 엄청 중요한 건가 보네. 혹시 모르니 해결법을 보고 가야겠다.'

나는 책에 앉아 세상을 둥글게 하는 마법을 해결하는 방법을 읽고, 수첩에 간단히 적어 두었다.

"리원아, 시간이 없어. 얼른 가자."

"어, 그래……"

프랙 왕자와 나는 다시금 날갯짓을 하며 방을 빠져나와 벽난로가 있는 방으로 갔다. 그곳에는 초롱이와 시어핀 마법사가 우리를 기다리고 있었다.

"시어핀 마법사, 우리나라의 기원은 피타고라스 나무 아니었나? 써클 마녀의 책을 보니, 우리의 마법을 푸는 방법은 '마법을 부리지 않는 자가 기하 왕국의 기원인 자연 속의 프랙탈을 세 가지 찾아 마법 주머니에 넣는 거'라는데, 프랙탈이 무엇인가?"

프랙 왕자는 시어핀 마법사를 보자마자 물었다.

"그것은 우리나라의 모든 자연과 생명체의 기원으로, 우리나라의

기하 왕국의 규칙에 담긴 비밀

선조이신 ★ 만델브로트 왕께서는 이 프랙탈에 근거하여 모든 것을 만드셨습니다. 피타고라스 나무도 이 원칙에 의해서 만들어진 것이며, 프랙 왕자님의 이름도 여기서 따서 지어진 것입니다. 우리나라뿐만 아니라 모든 세상은 프랙탈에 기초를 한다고 보셔도 됩니다."

"프랙탈이 구체적으로 무얼 말하는지 모르겠어요."

"모든 세상은 혼돈(★카오스)에서 시작하였습니다. 그 혼돈에서 규칙을 찾게 된 것이 프랙탈이라고 보시면 됩니다. 일반적으로 프랙탈은 '**자기 유사성**'을 가지고 있습니다. 자기 유사성이라고 하면 어렵게 들리시겠지만, '**부분과 전체가 똑같은 모양을 하고 있다.**'는 것입니다. 제 모자를 보시면 조금 이해가 되실 겁니다. 제 모자의 큰 삼각형이 안쪽에 작은 삼각형과 닮았죠? 이런 것들을 프랙탈이라고 합니다."

"이 프랙탈은……."

시어핀 마법사가 말을 이어가려는데 복도에서 발자국 소리가 들렸다. 우리는 성급히 몸을 숨겼다. 이때 써클 마녀가 거실로 들어왔다.

"여기 어디서 소리가 나는 것 같은데……."

제 모자의 큰 삼각형이 안쪽에 작은 삼각형과 닮았죠? 이런 것들을 프랙탈이라고 합니다.

써클 마녀는 주변을 살피기 시작하였다. 그리고 창문으로 들어오는 빛에 의해 생긴 초롱이의 그림자를 보았다.

"호호호. 여기 벌레 한 마리가 들어온 것 같군. 너는 오늘 나한테 잡혔다."

구석에 숨어 있는 초롱이를 향해 써클 마녀가 손을 뻗어 잡으려 하였다. 초롱이는 우리에게 얼른 도망가라고 눈짓을 했다. 우리는 창문으로 빠져나가 성이 보이지 않을 때까지 날아갔다.

"이 정도면 써클 마녀가 못 찾을 것 같아요. 리원님, 프랙 왕자님,

여기서 잠깐 쉬셔도 될 것 같습니다."

"초롱이가 우리를 위해 잡힌 것 같아요. 마법사님, 얼른 프랙탈을 찾아서 원래의 모습으로 돌아가야겠어요."

"네, 리원님. 프랙탈은 우리 주변에 아주 많습니다. 저는 마법을 하기 때문에 가르쳐 드릴 수가 없으니 왕자님과 리원님이 차근차근 찾아보세요. 그럼 제가 설명해 드리겠습니다."

이때 하늘에서 눈이 내리기 시작하였다.

"앗! 눈이다. 한여름에 눈이 내리다니. 써클 마녀가 또 다른 마법을 부렸나 보네."

"왕자님, 눈 한 송이를 얼른 잡아 보세요."

시어핀 마법사가 간절하게 말하자 프랙 왕자는 시어핀 마법사를 쳐다보았다.

'혹시 눈이 프랙탈인가? 그래서 시어핀 마법사가 잡으라는 것 아닐까?'

프랙 왕자는 하늘을 날아올라 눈 한 송이를 잡아 왔다.

"마법사, 눈은 그냥 둥근 모양 아닌가?"

"써클 마녀도 그렇게 생각했나 봅니다. 둥글다고 생각하고 눈을 내리게 한 것 같은데, 돋보기를 가지고 자세히 살펴볼까요?"

우리가 눈을 관찰하고 있는 동안 시어핀 마법사는 눈의 모양을 설명했다.

여러 가지 눈 결정

"눈의 결정을 보시면 뾰족뾰족한 모양을 가지고 있습니다. 그중에 한 부분을 보시면 원래의 직선에 계속적으로 산 모양이 튀어나오면서 지금과 같은 모양을 하고 있습니다."

"진짜 그러네요. 그럼 눈송이는 프랙탈이에요, 그렇죠?"

"네, 그렇습니다. 하하하."

시어핀 마법사는 가르쳐 주고 싶은 걸 억지로 참았던 터라 우리가 프랙탈이란 단어를 말하자 활짝 웃었다.

"눈송이가 프랙탈이라……. 벌써 하나 찾은 건가요?"

"마법사님, 모든 눈송이가 이런 모양인가요?"

"리원님, 모든 눈이 이와 같은 모양은 아닙니다. 다만 이런 식으

기하 왕국의 규칙에 담긴 비밀

로 프랙탈 구조를 가지고 있죠. 지금 리원님이 보시는 눈송이는 '코흐 눈송이'라고 부르는 모양입니다. 코흐 눈송이는 '코흐 곡선(Koch curve)'이 모여서 만들어진 것입니다."

"코흐 곡선요? 코흐 곡선이라는 것은 무엇인가요?"

"네, 코흐 곡선은 스웨덴의 수학자 헬게 폰 코흐(Helge von Koch, 1870~1924년)의 이름을 따서 붙여진 것입니다. 여기서 신기한 것

코흐 눈송이

5. 자연 속에서 프랙탈을 찾아라!

이 있는데 **코흐 눈송이의 넓이는 유한하지만, 둘레의 길이는 단계가 많아질수록 무한히 길어진다는** 것입니다."

"둘레의 길이가 무한이 길어진다고요?"

"코흐 눈송이 중에 한 부분만을 가지고 설명해 드리겠습니다. 그림과 같이 원래 직선이던 것이 한 단계가 진행되면 산 모양 하나가 생기고, 그 다음 단계에는 직선마다 산 모양이 생기죠? 이와 같은 것을 코흐 곡선이라고 하는데, 이런 식으로 계속 진행하면 계속적으로 직선의 길이가 늘어나게 됩니다. 이해하시겠어요?"

"마법사, 무슨 말인지 대충은 이해하겠는데, 아직은 모르겠어. 이해하는 건 다음에 하고 눈송이를 찾았으니, 이제 두 번째 프랙탈을 찾아보도록 합시다."

"네, 왕자님."

우리는 눈송이를 마법 주머니에 넣고, 다시 주변을 살펴보기 시작하였다. 그때 내 눈에 모양이 반복되는 것 같은 식물이 있어서 프랙 왕자와 시어핀 마법사를 불렀다.

고사리

"여기 이거 프랙탈 아닌가요?"

"리원님, 고사리를 찾으셨군요."

"고사리요? 아, 우리 부모님이 드
시던 나물인데 모양이 다르네요."

"네, 리원님 나라에서는 어린 고
사리를 음식으로 먹기도 한다고
하더군요. 지금 리원님이 보시는 고사리는 어른이 된 모양입니다."

"마법사, 그런 이야기는 나중에 하고, 이것도 프랙탈이지?"

"네, 왕자님. 여기 고사리 잎을 보시면 전체와 부분이 닮아 있지
요? 이것도 프랙탈입니다. 고사리와 같은

⭐ 양치류 식물들이 이런 패턴을 가지고
있습니다."

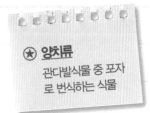

⭐ 양치류
관다발식물 중 포자
로 번식하는 식물

"앗싸! 벌써 두 개 찾았다. 이제 하나만
더 찾으면 되겠다."

프랙 왕자는 고사리 잎 하나를 마법 주머니에 담았다. 그랬더니
조금 전까지만 해도 파란색이던 주머니가 갑자기 빨간색을 띠며 빛
나기 시작하였다.

"아, 두 개의 프랙탈을 모으니 빛이 나는구나. 하나만 더 찾으면
되겠어. 리원아, 힘내자!"

우리는 몇 시간을 찾아 헤맸지만, 프랙탈 모양을 찾을 수가 없었다. 무엇인지 알지만 우리한테 알려 주지 못하는 시어핀 마법사는 우리 주변을 맴돌면서 안타까운 표정을 지었다. 프랙 왕자는 너무 화가 나는지 옆에 난 풀을 발로 찼다.

"프랙 왕자, 진정하고 천천히 더 찾아보자. 개울에서 세수 좀 하고 와."

프랙 왕자가 세수를 하는 동안 나는 프랙 왕자가 찬 풀에서 떨어진 꽃가루들이 개울 옆 고인 물 위를 움직이는 모습을 구경하고 있었다. 그런데 한참을 물끄러미 보던 나의 머릿속에 번쩍임이 있었다.

"시어핀 마법사님, 물 위에 떠 있는 꽃가루가 움직이는 것이 규칙성을 가지고 있는 것 같아요. 짧은 시간의 움직임하고, 긴 시간의 움직임의 자국이 똑같아 보여요."

리원이의 말을 들은 시어핀 마법사의 얼굴이 환해졌다.

나는 시어핀 마법사의 표정을 보고 자신감을 얻었다.

"다시 살펴보면서 60초 동안의 움직임을 그림으로 그려 볼까요? 60초 동안의 움직임과 10초 동안의 움직임을 그려 보면 움직인 거리는 짧지만, 움직이는 자국이 너무 닮았어요."

"역시 리원님이십니다. 이것은 물 ★ 분자들이 움직이기 때문으로, 식물학자였던 로버트 브라

★ 분자

원자가 모여서 이루어진, 물질의 화학적 특성을 잃지 않는 최소 입자로, 독립적으로 움직이는 단위체이다.

기하 왕국의 규칙에 담긴 비밀

물 분자의 브라운 운동

운(Robert Brown, 1773~1858년)이 찾아낸 '**브라운 운동**'입니다. 이
것은 불규칙적인 것 같지만, 자기 유사성을 지닌 운동을 하기 때문
에 프랙탈 현상으로 볼 수 있습니다."

"그럼 이 물을 마법 주머니에 담아 볼까?"

프랙 왕자는 손으로 물을 퍼서 마법 주머니에 담았다. 그러자 마
법 주머니가 노란색의 아주 밝은 빛을 내며 우리 주변을 감싸기 시
작하였다. 그리고 우리 등에 있던 날개와 엉덩이의 침이 사라지고
우리 몸이 다시 커지기 시작하였다.

"프랙 왕자, 시어핀 마법사님. 우리는 이렇게 원래대로 되었는데, 초롱이는 어떻게 되었을까요? 걱정되네요."

"리원님, 아마 지금쯤이면 초롱님도 다시 원래대로 되셨을 겁니다."

기하 왕국 퀴즈 **5**

리원 일행이 찾은 자연 속의 프랙탈 세 가지는 무엇이었나요?

기하 왕국의 규칙에 담긴 비밀

6

써클 마녀 최후의 마법

우리는 초롱이 걱정을 하면서 풀밭에 앉아 있었다. 그때 풀밭 저쪽에서 초롱이가 달려왔다.

"리원아! 리원아!"

"초롱아! 어떻게 탈출했어? 얼마나 걱정했다고."

"리원아, 고마워! 몸이 원래대로 되자마자 얼른 창문으로 나와서 뒤도 돌아보지 않고 달려왔어."

"아! 이제 모두 정상으로 돌아왔구나. 시어핀 마법사님, 프랙탈 모양이 우리가 찾은 세 가지 말고도 많은가요? 이제는 마법도 풀렸으니, 저희한테 설명해 주세요."

"네, 그럼 우리가 찾아낸 것 이외에 자연 속에서 찾을 수 있는 프

145

랙탈을 간단히 설명해 드리겠습니다. 자, 여기 우리 기하 왕국의 지도가 있습니다. 이 지도에서와 같이 **굴곡이 심하고 복잡하게 들쭉날쭉한 해안선을 '리아스식 해안'**이라고 합니다. 리원님네 나라도 서해나 남해가 이런 식으로 해안선이 형성되어 있죠. 이것도 프랙탈 구조입니다. 전체적인 모양과 부분의 모양이 닮았지요."

"네, 저 남해안에 가 봤어요. 해안선이 꼬불꼬불해서 차를 타고 가는데 몸이 이리저리 쏠려 많이 웃었던 적이 있어요."

나는 작년 여름에 가족들과 남해안으로 여행을 갔던 생각이 났다.

"지도에서 해안선의 길이를 측정할 때 첫 번째와 같이 대략적으

리아스식 해안

기하 왕국의 규칙에 담긴 비밀

대략적으로 잴 때

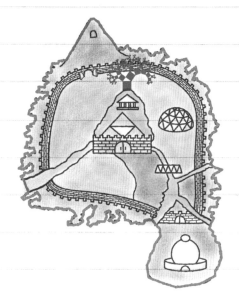

세밀하게 잴 때

로 잴 때보다 두 번째와 같이 세밀하게 잴 때 길이가 길어져요. 우리 선대 왕이신 만델브로트 왕께서 기하 왕국의 해안선 길이를 재라고 하셨지요. 우리는 해안선의 길이를 200★ 마일 단위와 25마일 단위로 쟀습니다. 어떤 단위로 쟀을 때 길이가 길게 나왔을까요?"

★ 마일
길이의 단위로, 1마일은 1.609344km이다

"작은 단위로 잴 때가 더 세밀하게 잰 경우니까 25 단위마일로 재었을 때가 더 길어졌을 것 같아요."

"네, 맞습니다. 25마일 단위로 재면 200마일 단위로 잰 것에 비해서 측정된 해안선의 길이가 길어집니다. 만약 아주 작은 단위 1cm로 잰다면 더 길어지겠지요. 이렇게 **단위가 작아질수록 해안선의 길이가 엄청나게 길어지게 되는데, 이런 곡선을 우리는 '프랙탈 곡선'이라고 합니다.**"

"아, 그런 식으로 이해하면 되는군요. 이제 조금은 알 듯해요. 그럼 저 하늘에 떠 있는 구름이나 우리가 있는 산봉우리, 나뭇가지도 다 프랙탈 모양이겠네요."

"네, 리원님. 해안선과 같이 이것들도 비슷한 이유에서 프랙탈 모양입니다. 프랙탈 모양이 가장 잘 나타나 있는 것으로 브로콜리가 있는데요. 브로콜리를 반으로 잘라 보면 쉽게 프랙탈 모양을 알 수 있습니다."

브로콜리

"정말 우리 주변에 프랙탈 모양이 아주 많네요."

"리원님, 자연뿐만 아니라 동물들, 특히 우리 인체에도 프랙탈 모양이 있습니다. 이 설명은 성에 가서 해 드리겠습니다."

우리는 다시 성으로 돌아왔다. 프랙 왕자와 시어핀 마법사는 온 나라에 써클 마녀의 출현을 알리고, 무슨 일이 생기면 바로 왕궁으

기하 왕국의 규칙에 담긴 비밀

로 연락할 것을 신하들에게 명했다.

그리고 써클 마녀의 성으로 기하 왕국 병사들을 보냈지만, 써클 마녀는 흔적도 없이 사라지고 난 뒤였다.

하지만 써클 마녀의 성 위에 '이제 시작이다. 모든 세상은 둥글게 될 것이다!'라는 큰 글자가 떠오르면서 기하 왕국 백성들은 불안에 떨기 시작하였다.

"왕자님, 리원님, 초롱님. 벌써 써클 마녀가 자취를 감추었네요. 찾아내는 데 시간이 조금 걸릴 것 같습니다."

"마법사님, 그러면 시간도 있으니 우리 인체에 있는 프랙탈 모양은 무엇인지 설명해 주세요."

"네, 그럼 몇 가지만 알려 드리겠습니다. 여기 인체 모형을 봐 주세요."

"사람 몸속이 이렇게 생겼군."

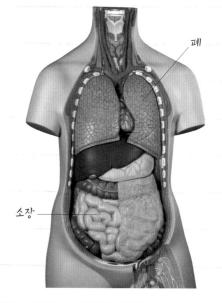

인체 모형

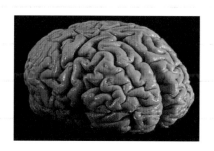

뇌의 구조

초롱이가 신기한 듯 인체 모형을 들여다보았다.

"먼저 우리 뇌를 보면 많은 주름이 보이죠? 이렇게 주름이 지면 부피에 비해 ⭐ 표면적이 넓어져서 뇌가 활동할 수 있는 면적이 넓어진답니다."

"부피에 비해 표면적이 넓어진다고요? 그게 어떤 걸 의미하죠?"

"아까 리아스식 해안의 길이에 대해 설명해 드렸죠? 그것과 같은 원리라고 생각하시면 됩니다. 부피라는 것은 가로, 세로, 높이로 결정되는데, 직육면체나 정육면체의 경우는 (가로)×(세로)×(높이)로 표현됩니다. 이때 같은 공간에 있는 물체는 주름이 있든, 없든 동일한 부피를 가지게 됩니다. 그런데 주름이 많으면 많을수록 공기와 닿는 면은 증가하게 되는 것입니다. 이해가 되시나요?"

시어핀 마법사가 내 눈을 들여다보며 물었다.

"음, 아직 잘 모르겠어요."

"그림을 그려서 설명해 드릴게요. 여기 육각기둥의 단면이 있습니다. 육각기둥의 표면적을 1이라고 한다면, 주름을 가진 육각기둥의 경우 표면적은 1보다 크지요."

"아, 이제 알겠어요. 주름을 쫙 펴면 훨씬 넓어지니까요."

"네. 또 뇌 말고 사람의 폐와 소장의 내부도 뇌와 같이 부피에 비

⭐ **표면적**
입체의 표면 면적을 말한다. 입체 도형의 경우 그 전개도의 전체 넓이가 표면적이 되며, 겉넓이라고도 한다.

기하 왕국의 규칙에 담긴 비밀

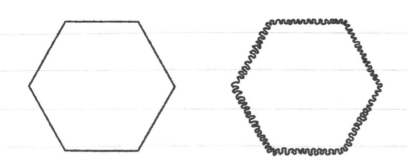

해 표면적이 넓은 구조입니다. **폐는 ⑧ 폐포를 가지고 있어서 표면적이 아주 넓답니다.** 우리 몸에는 약 3억 개의 폐포가 있는데요. 이 폐포를 다 펼치면 테니스장의 $\frac{1}{2}$에 달하는 면적이 된다지요."

"와, 그렇게나 넓어요?"

놀란 초롱이의 눈이 휘둥그레졌다.

시어핀 마법사는 인체 모형의 중앙 부분에 꾸불꾸불한 것을 가리켰다.

"또 소장은 우리가 먹은 음식물 속의 양분을 흡수하는 중요한 장기입니다. 여기 보시는 이곳이 소장입니다. 소장의 길이는 약 7m입니다. 하지만 영양소를 효율적으로 흡수할 수 있도록 소장 안쪽에 수많은 융털 돌기가 나 있어서 그 면적이 약 200m²에 이른답니다. 이렇게 프랙탈 구조를 통해 우리의 인체는 효율적으로 생활할 수

> **⑧ 폐포**
> 폐로 들어간 기관지가 갈라져 그 끝에서 주머니 모양으로 된 부분으로, 허파꽈리라고도 한다. 폐로 들어온 공기와 모세 혈관 사이에 기체 교환이 일어난다.

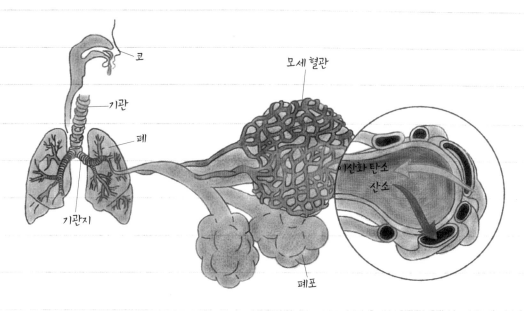

코

기관

폐

기관지

모세 혈관

이산화 탄소
산소

폐포

폐의 구조

있답니다.”

 “아, 인간의 몸 곳곳에도 프랙탈의 원리가 있는 거군요.”

 “네, 프랙탈의 원리는 우리 몸뿐만 아니라, 여러 식물 및 동물들의 원리까지도 설명할 수가 있답니다.”

 “마법사님, 프랙탈이라는 것이 단순히 몇 개의 모양이라고만 생각했는데, 이 세상에 존재하는 모든 것들을 설명해 줄 수 있는 대단한 것이군요.”

 “네, 리원님. 요즘은 프랙탈의 원리를 이용해서 우주의 생성 원리까지 탐구하고 있답니다.”

기하 왕국의 규칙에 담긴 비밀

이때였다. 밖이 시끄러워지면서 꿀벌 병사가 날아왔다.

"왕자님, 써클 마녀가 다시 나타났습니다. 그리고 우리 왕국이 위험에 처했습니다."

"어떤 위험을 말하는 것이냐?"

"왕자님, 여러 가지 일이 있어서 말로 설명하기 어렵습니다. 일단 밖으로 나가시죠."

"좋아. 리원아, 초롱아, 마법사, 같이 나가 봅시다."

우리는 서둘러 밖으로 나갔다. 써클 마녀와 패턴 마녀가 하늘에서 각각 빗자루를 타고 마법을 쓰고 있었다.

"호호호. 드디어 나타나셨군. 내 마법을 잘도 풀었어. 하지만 패턴 마녀와 내가 지금 보여 주는 마법은 절대 못 풀 것이다. 이제 이 기하 왕국은 내 차지가 될 거야. 이 세상의 모든 것을 나처럼 둥글둥글하게 만들어 버릴 것이다."

써클 마녀가 주문을 외자 하늘에서 빨간 빛이 번쩍이더니 온 나라가 붉게 물들기 시작하였다. 사람들은 몹시 고통스러워하였고, 나무들은 나뭇가지의 수가 줄어들었으며, 구름은 동그란 모양으로 변해 갔다.

"이런, 써클 마녀가 최후의 주문을 실행한 것 같습니다."

"마법사, 도대체 무슨 마법이에요?"

"아마 '단순화 마법'일 것입니다."

153

기하 왕국의 규칙에 담긴 비밀

"단순화 마법이오? 처음 듣는 마법인데요?"

"이 마법은 예전에 금지된 마법으로, 기하 왕국의 모든 프랙탈 모양을 단순화하는 것입니다. 예를 들면 저 하늘의 구름도 프랙탈 모양이라고 알려 드렸죠? 단순화 마법에 걸리면 구름의 굴곡이 사라지게 됩니다. 그러니까 주름과 같이 굴곡을 가지며, 반복되는 모든 것들이 단순화되어 버리는 것입니다."

시어핀 마법사의 말처럼 성 안에 있는 모든 것들이 둥근 모양으로 변해 가고 있었다. 심지어 저 멀리 보이는 피타고라스 나무도 둥글게 바뀌어 갔다. 그리고 우리 옆에 있던 꿀벌 병정이 괴로워하며 쓰러졌다.

"시어핀 마법사님, 우리 인체도 프랙탈 구조를 가지고 있으니 우리의 뇌도 단순화된다는 말이에요?"

"네, 리원님. 맞습니다. 그렇게 되면 우리 왕국의 모든 생명체들이 사라지게 될 것입니다. 빨리 방법을 찾아야 합니다. 이 마법의 해독 주문은 써클 마녀의 성에 있던 마법 책에 있을 텐데……. 이미 써클 마녀가 가지고 사라졌을 거예요. 어쩌죠?"

다들 어쩔 줄 몰라 하고 있을 때 문득 성에서 적어 놓았던 수첩이 생각났다.

"아! 제가 아까 성에 갔을 때 마법 책을 넘기다 단순화 마법의 해독법을 보았습니다. 그곳에 이렇게 씌어 있었어요. '어떠한 마법이든 해독 마법은 존재한다. 단순화 마법을 해독할 수 있는 자는 기하 왕국을 만든 자뿐이다.'라고요."

"기하 왕국을 만든 자라면, 만델브로트 왕을 이야기하는 것인데……. 이분은 돌아가신 지 오래되었어. 어떡하지?"

"왕자님, 선대왕께서 왕자님에게 물려주신 물건에 무언가 남기신 말씀이 있지 않을까요?"

"나에게 남기신 것이라고는 대대로 내려오는 '카오스의 칼'뿐이야."

프랙 왕자는 벽에 걸려 있는 칼을 꺼내 왔다. 그리고 칼집에서 칼을 꺼내 여기저기 살펴보았다.

"여기 아주 작은 글씨로 글귀가 씌어 있어요. '카오스의 세상에서 앎을 얻고자 하는 자. 내가 잠든 곳으로 와서 나의 말을 따르라.'라고 씌어 있어요."

시어핀 마법사는 이야기를 듣고 생각에 잠겼다.

"왕자님, 선대왕께서 잠든 곳은 고대 신전을 의미하는 것 같습니다."

"우리 성 뒤에 있는 신전을 말하는 것이구나. '나의 말을 따르라.'라는 말은 무엇을 의미할까? 만델브로트 왕께서는 돌아가신 지 오래되었는데, 어떻게 말을 따르라는 것이지?"

"선대왕의 말이라는 것은 전설에만 전해져 오는 고대 마법서일

기하 왕국의 규칙에 담긴 비밀

겁니다. 역대 마법사에게만 내려오는 전설로, 기하 왕국이 위험에 처해질 때 고대 마법서가 나타난다 합니다."

"아, 그래? 그렇다면 선대의 왕들이 남긴 고대 마법서는 어떻게 찾을 수 있는가?"

"네, 전설에 의하면 '멀리서 온 원리를 깨쳐 주는 사람만이 마법서를 구할 수 있다.'라고 합니다."

"멀리서 온 원리를 깨쳐 주는 사람? 원리하니까 리원이 이름을 거꾸로 해 놓은 것 같은데, 리원아, 네 이름의 뜻이 뭐야?"

원리를 찾으라는 의미에서 리원이라고 이름을 지어 주셨어.

6. 써클 마녀 최후의 마법

"우리 아빠가 원리를 찾으라는 의미에서 리원이라고 이름을 지어
주셨어."

"와, 리원이가 그 특별한 사람이었구나. 시어핀 마법사, 얼른 고
대 신전으로 갑시다."

기하 왕국 퀴즈 **6**

우리 인체의 기관들이 프랙탈 구조를 가지고 있어
어떤 점이 좋은가요?

기하 왕국의 규칙에 담긴 비밀

7 써클 마녀의 마법을 풀어라!

나는 프랙 왕자, 시어핀 마법사, 초롱이와 성을 빠져나와 성 뒤편의 산 중턱에 올랐다.

그곳에는 아주 큰 신전이 있었다.

"꼭 우리 세계의 파르테논 신전 같아."

"응, 우리 왕국과 너희 세계는 비슷한 것들이 많아. 얼른 들어가서 고대 마법서를 읽어 보자."

"그래."

신전 안은 밖에서 봤던 것보다 더 웅장하였다. 천정과 벽면에는 여러 화려한 그림들이 그려져 있었다. 그리고 신전의 중앙에는 큰 책이 놓여 있었다. 그 책 표지에는 '기하 왕국'이라고 제목이 씌어

있고, 작은 글씨로 '선택된 자만이 앎을 구할 수 있다.'라고 씌어 있었다.

"리원아, 이 책은 다른 사람이 열면 그냥 백지로 보여. 네가 특별한 아이니 이 책을 넘겨 봐."

"응, 알았어."

책의 겉장을 넘기자, 환한 불빛과 함께 아주 근엄한 사람이 나타났다.

기하 왕국의 규칙에 담긴 비밀

"나는 기하 왕국의 초대 왕인 '만델브로트'라고 한다. 이 책을 열었다는 것은 우리 왕국이 어려움에 처했다는 것이니, 내 너희에게 우리 왕국을 지키는 법을 알려 주겠다. 이 두 개의 주머니에 필요한 내용들을 넣어 두었으니 한 개씩 열어 보면서 우리 왕국을 지키는 상징물을 만들도록 하라! 단, 이 두 개의 주머니는 동시에 열면 안 되며, 열어 본 주머니를 모두 해결하고 나서 다른 주머니를 열어야 한다."

'펑!' 소리와 함께 만델브로트 왕의 모습은 사라졌다. 그리고 내 손에는 빨강, 파랑의 두 주머니가 들려 있었다.

"프랙 왕자, 어떤 주머니부터 열어 볼까?"

"음, 빨강 주머니부터 열어 보자."

"그래, 빨강. 자, 연다."

빨강 주머니를 열자, 종이 한 장이 나왔다. 거기에는 다음과 같이

기하 왕국의 정원에 나무를 심어
'코흐 눈 결정 3단계' 상징물을 만들어라!
이 종이를 본 가들에게는 하루 동안
상상할 수도 없는 빠른 속도와 큰 힘을 주도록 하겠다.

씌어 있었다.

"왕자님, 리원님, 초롱님, 일단 왕국의 정원으로 가시는 게 좋겠습니다."

우리는 달리기 시작하였다. 그런데 몇 걸음 뛰지도 않은 것 같은데, 벌써 왕국의 정원에 도착해 있었다.

"정말 우리에게 빠른 속도가 생겼나 봐."

초롱이는 믿기지 않는 표정으로 말했다.

"그러게, 초롱아, 완전 빠른데? 시어핀 마법사님, 이제 코흐 눈 결정을 만들어야 하는데 어떻게 해야 하나요?"

"네, 리원님. 지난번에 눈송이도 프랙탈 모양이라고 알려 드렸죠? 그때는 대략적인 것만 설명해 드렸는데, 이제는 단계별로 그림을 그려 가면서 설명해 드리겠습니다."

시어핀 마법사는 땅 위에 삼각형과 세 개의 눈 결정 그림을 그렸다.

"코흐 눈 결정이라는 것은 하나의 변에 산 모양을 하나씩 만들어 가는 것입니다. 각 변에 산 모양을 하나씩 만든 것은 1단계, 다시 각 변에 산 모양을 하나씩 만들면 2단계가 됩니다. 이제 우리가 완성해야 하는 3단계는 2단계의 각 변들에 다시금 산 모양을 만들어 주면 됩니다. 그럼 이렇게 되겠지요?"

"와! 멋지다!"

초롱이와 나는 동시에 탄성을 질렀다.

기하 왕국의 규칙에 담긴 비밀

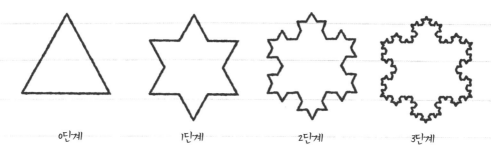

코흐 눈 결정 3단계

"프랙탈이라는 것은 작은 구조가 전체 구조와 비슷한 형태로 끝없이 되풀이 되는 구조를 말한다고 제가 말씀드렸죠? 여기 보시는 것처럼 이 부분과 이 부분이 비슷한 형태를 가지고 있지요?"

"그렇군. 그럼 이 모양 그대로 정원을 만들면 되는가?"

"네, 왕자님. 우리가 각 부분을 맡아서 얼른 나무를 심으면 될 것 같습니다."

우리는 시어핀 마법사가 그린 그림을 바탕으로 열심히 나무를 심었다. 만델브로트 왕으로부터 큰 힘을 받은 우리는 손이 보이지 않을 정도로 빠르게 나무를 심을 수 있었다.

나무를 다 심어 코흐 눈 결정 3단계의 모양이 완성되자 갑자기 우리가 서 있는 땅이 마구 흔들리기 시작했다.

"왕자님! 우리 왕국의 해안선과 구름, 산들이 제자리를 찾았다고 합니다."

저 멀리서 꿀벌 병사가 날아오며 소리쳤다.

"좋아! 한 가지가 해결되었구나. 이제 우리나라의 동식물들만 제자리를 찾으면 되겠네. 리원아, 얼른 파랑 주머니를 열어 봐."

파랑 주머니를 열어 보니 아주 긴 두루마리가 들어 있었다. 이 작은 주머니에서 나왔을 거라고 생각할 수 없이 큰 두루마리였다. 그 두루마리에는 다음과 같이 씌어 있었다.

기하 왕국의 규칙에 담긴 비밀

내 너희에게 명하노니 집집마다 프랙탈 연을 만들어 달고,

여러 프랙탈 카드를 만들어 서로에게 선물하여라.

이렇게 하고 나면 너희 왕국은 다시금 평화를 찾을 것이다.

"마법사님, 프랙탈 연과 카드가 무엇인가요?"

"네, 리원님. 프랙탈 연과 카드는 우리가 예전부터 명절마다 만드는 연과 카드입니다. 모두 프랙탈 구조로 만들어지는 것이지요."

"빨리 프랙탈 연을 매달고, 프랙탈 카드를 선물하라고 온 백성에게 알려야 할 것 같아요."

"초롱아, 네가 우리 중에서는 제일 빠르니 금방 전달할 수 있을 거야. 부탁해!"

"하하. 드디어 이 초롱님의 활약이 시작되는군."

우리들 모두 빨라졌지만, 그중에서도 초롱이는 더욱 빨랐다. 정말 눈 깜짝할 사이에 두루마리 종이를 들고 사라졌다. 그리고 몇 분 지나지 않아서 돌아왔다.

"다 전달하고 왔어. 우리도 프랙탈 연과 카드를 만들어 보자."

"마법사님, 프랙탈 연은 어떻게 만드는 건가요?"

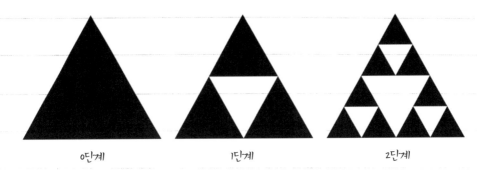

0단계   1단계   2단계

시어핀 삼각형

"프랙탈 연은 여러 가지 재료를 이용해서 만들 수 있는데, 보통은 빨대와 실로 구조를 만드는 게 쉽습니다. 기본적으로 프랙탈 모양 중에서 제 이름과 같은 시어핀 삼각형을 가지고 만들게 됩니다. **시어핀 삼각형은 하나의 삼각형을 시작으로 역삼각형 모양으로 계속 뚫어 나가는 것**입니다."

시어핀 마법사는 우리가 이해하기 쉽게 그림을 보여 주었다.

"그런데 우리는 시어핀 삼각형을 입체 모양인 시어핀 피라미드로 만들려고 합니다. 따라서 전체 모양에서 뚫어 나가는 방법 대신 역으로 각 부분의 모양들을 만들어서 1단계와 같은 전체 모양을 만드는 거지요."

"설명만으로는 감이 오지 않아요."

"빨대를 가지고 삼각형 모양을 만든 후, 그것을 가지고 정사면체

기하 왕국의 규칙에 담긴 비밀

를 만들면 됩니다. 정사면체는 시어핀 피라미드의 한 부분입니다. 이런 정사면체를 네 개 만들어서 시어핀 피라미드의 1단계의 모양처럼 만들어 주면 됩니다."

"아, 일단 빨대로 삼각형 모양을 만들면 된다는 말씀이죠?"

"네. 빨대 안에 실을 넣은 후 세 개를 서로 이어서 삼각형을 만드시면 됩니다."

시어핀 마법사는 시범을 보였다.

"네, 만들었어요."

"그리고 그 삼각형 반대편으로 두 개의 빨대를 동일하게 연결해 주면 평행사변형 모양이 될 겁니다."

"네, 평행사변형을 만들었어요."

"이제 평행사변형의 한쪽을 세우고, 세워진 꼭짓점과 대각선 방향의 꼭짓점에 빨대 하나를 더 연결하면 정사면체가 완성됩니다."

"와! 정말 정사면체가 되었어요."

"이제 이런 정사면체를 세 개 더 만들어서 모두 네 개를 만드시면 됩니다."

"네, 알겠습니다."

우리는 순식간에 정사면체를 네 개씩 만들었다. 그러자 시어핀 마법사는 다시 말을 이어나갔다.

"이제 이 정사면체의 네 면 중에서 이어져 있는 두 면을 선택하여

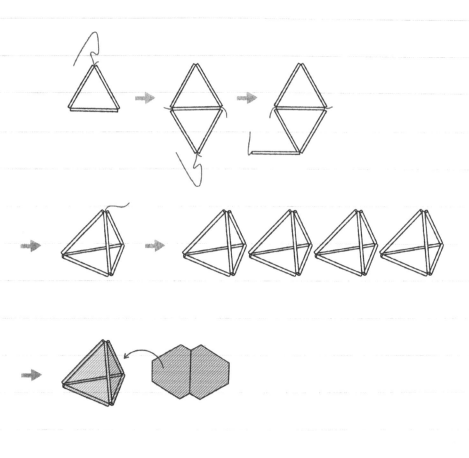

프랙탈 연 만들기

기하 왕국의 규칙에 담긴 비밀

서 종이를 붙이세요."

"이어져 있는 면이오?"

"네, 아까 평행사변형을 접었죠? 접기 전 평행사변형 같은 모양의
종이를 두 면에 붙이시면 됩니다."

정사면체에 종이를 다 붙이자 시어핀 마법사는 종이를 붙인 네 개
의 정사면체를 들어 보이며 말했다.

"이제 이 네 개의 정사면체를 종이를 붙인 부분이 일정한 방향이
되도록 시어핀 삼각형 1단계의 모양처럼 실로 연결하시면 됩니다."

실을 연결하자 피라미드와 비슷한 연이 완성되었다.

"이제 이 연에 꼬리 날개와 실을 달아서 날리면 되는 겁니다."

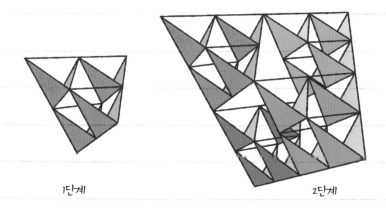

1단계   2단계

시어핀 삼각형을 이용한 프랙탈 연

"그런데 이 연을 더 크게 만들 수도 있어요? 난 큰 게 좋은데……."

"네, 초롱님. 지금 만든 것 같은 연을 세 개 더 만들어서 총 네 개를 서로 연결하면 시어핀 삼각형 2단계 모양의 연이 만들어집니다. 그럼 더 큰 연이 되겠죠?"

'이런 연이 날 수 있을까? 빨대와 실로 만든 연인데…….'

나는 만들어진 연을 보면서 생각했다.

하지만 내 생각은 잠시 후 쓸데없는 걱정이었다는 것이 밝혀졌다. 우리가 만든 프랙탈 연을 정원에서 날리자 정말로 바람에 날기 시작한 것이다.

"와! 이런 모양의 연이 어떻게 날 수 있지요? 구멍도 뚫려 있고, 모양도 이상한데요."

"리원님, 그건 '베르누이 효과' 때문에 그렇습니다."

"⭐ 베르누이요?"

"그게 뭐죠?"

"**베르누이 효과**는 무거운 비행기가 날 수 있는 이유이기도 한데요. 여기 그림처럼 **아래쪽 공기와 위쪽 공기의 속도가 달라서 물체가 떠오르게 되는 것입**니다."

"그렇군요. 프랙탈 연의 위와 아래에 공기의 속도가 달라서 연이

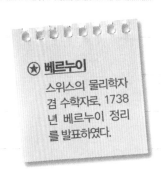

⭐ **베르누이**
스위스의 물리학자 겸 수학자로, 1738년 베르누이 정리를 발표하였다.

기하 왕국의 규칙에 담긴 비밀

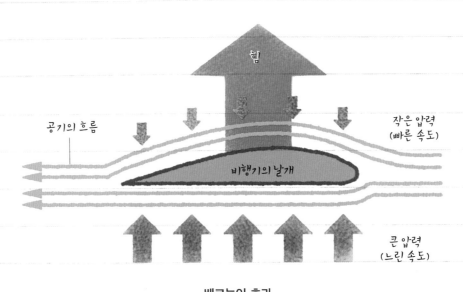

공기의 흐름

힘

작은 압력
(빠른 속도)

비행기의 날개

큰 압력
(느린 속도)

베르누이 효과

뜨게 되는 거군요."

시어핀 마법사는 긴 비닐봉지를 내게 주며 말했다.

"리원님. 여기 긴 비닐봉지가 있습니다. 이 봉지에 바람을 넣되, 봉투의 입구를 바람이 세지 않게 손으로 잘 잡고 바람을 불어넣어 보세요."

나는 시어핀 마법사가 시키는 대로 비닐봉지를 잡고 바람을 불어넣었다. 그러나 아무리 세게 불어도 봉지가 잘 부풀어 오르지 않았다.

"리원님, 이번에는 봉지의 입구를 다 열고 봉지의 비닐 안쪽과 바깥쪽의 중간 부분에 바람을 불어 보세요."

"와! 제가 몇 번 바람을 불지도 않았는데, 봉지가 부풀어 올랐어
요. 왜 그런 거죠?"

"네, 이것 역시 베르누이 효과 때문에 그렇습니다. 베르누이 효과
는 공기에서뿐만 아니라 물속에서도 똑같이 나타납니다. **자동차나
잠수함, 비행기 같은 물체들의 모양이 비슷한 것이 바로 이런 베르누
이 효과를 이용하도록 만들었기 때문입니다.**"

"그렇다면 아까 우리가 만든 1단계 연들을 네 개 모아서 2단계 연

기하 왕국의 규칙에 담긴 비밀

을 만들면 그것도 떠오르겠네요."

"무겁겠지만, 더 잘 날 수 있지 않을까요? 궁금하시면 한번 해 보세요."

"리원아, 마법사. 우리가 이렇게 지체할 시간이 없어. 프랙탈 카드도 만들어야 해. 마법사, 얼른 프랙탈 카드 만드는 법을 알려 주시오."

초롱이가 나에게 가위와 종이를 건네주었다.

"프랙탈 카드 만들기는 아주 쉽습니다. 가지고 계신 종이를 반으로 접은 후, 1번 그림처럼 접힌 쪽의 중앙 부분을 가위로 반 정도만 자르고 한쪽을 접어 올립니다. 그리고 2번 그림처럼 다시 각각의 중심에서 높이의 반만큼을 잘라서 3번 그림처럼 각각의 왼쪽 부분을 접어 올리십시오. 3번 그림에서 접은 왼쪽 부분들을 펴서 안쪽으로 접어 올리고, 각 부분을 4번 그림처럼 높이의 반만큼만 자르시면 됩니다."

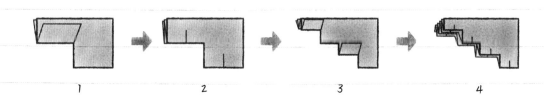

프랙탈 카드 만들기

"이거 너무 쉬운 거 아냐?"

규칙대로 열심히 종이를 자르고 접자 프랙탈 모양의 카드가 완성되었다.

우리는 조금 더 복잡한 모양의 카드를 만들어 보았다.

"어? 리원아, 나는 왜 이런 모양이 되었지?"

"그래. 내 거랑 전혀 다른걸?"

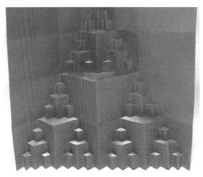

리원이 만든 카드

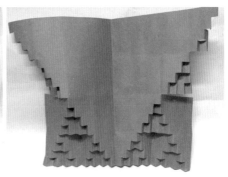

초롱이가 만든 카드

"초롱님, 처음에 자르실 때 종이를 접고, 접힌 쪽을 자르셔야 하는데 반대로 하셔서 이런 모양이 된 것 같네요. 제가 말씀드린 대로

기하 왕국의 규칙에 담긴 비밀

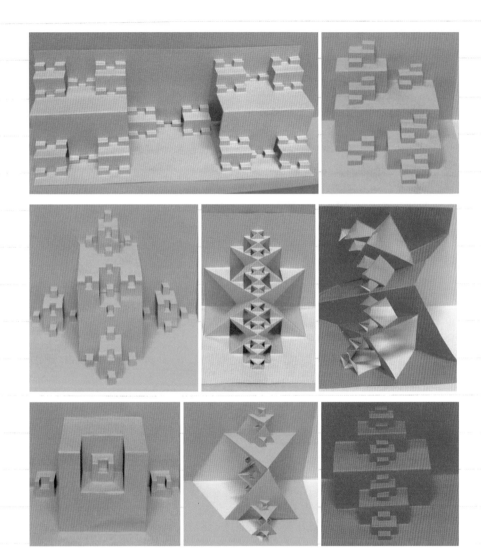

여러 가지 모양의 프랙탈 카드

7. 써클 마녀의 마법을 풀어라!

만들면 직사각형 형태의 프랙탈 카드가 만들어집니다. 그런데 실수이긴 하지만, 초롱님처럼 자를 때 모양을 변화시키면 이것처럼 전혀 다른 모양의 프랙탈 카드가 만들어집니다."

"마법사, 나도 다른 모양이 만들어졌어. 신기하네."

"네, 왕자님. 프랙탈 카드는 자기가 어떠한 규칙을 가지고 자르냐에 따라서 전혀 다른 모양들이 만들어집니다."

우리는 각자 만든 프랙탈 카드에 글을 써서 나는 프랙 왕자에게, 프랙 왕자는 나에게 서로 선물로 주었다. 그러자 붉은 빛을 내던 하늘이 번쩍거리면서 다시 정상으로 돌아오기 시작했다.

꿀벌 병사가 날아오면서 소리쳤다.

"왕자님, 우리 왕국의 모든 동식물들이 다시 활기를 찾았습니다."

"드디어 써클 마녀의 마법을 모두 되돌렸구나. 이제 써클 마녀도 힘을 쓰지 못할 것이다. 더 이상 나쁜 짓을 못하도록 써클 마녀를 찾아서 잡아오도록 하여라."

얼마 지나지 않아서 병사들은 써클 마녀와 패턴 마녀를 잡아서 우리 앞에 데리고 왔다.

"써클 마녀, 네 덕분에 우리나라 백성들의 각 집마다 프랙탈 상징물을 달게 되어 그 어느 때보다도 프랙탈의 힘이 강하게 되었다. 이제 너는 더 이상 나쁜 마법을 쓰지 못할 것이다."

기하 왕국의 규칙에 담긴 비밀

"쳇! 내가 프랙탈의 힘에 굴복하지만, 곱게 죽지는 않을 것이다. 이 모든 일을 가능하게 한 리원이 일행은 영원히 이 기하 왕국에 갇혀서 돌아가지 못할 것이다. 나의 저주여! 마지막 힘을 보여 주소서……."

써클 마녀는 마지막 주문을 외우고 먼지처럼 사라졌다. 그리고 옆

7. 써클 마녀의 마법을 풀어라!

에 있던 패턴 마녀 주변에 파란 빛이 돌더니 패턴 마녀가 쓰러지고 말았다. 시어핀 마법사는 다급하게 패턴 마녀에 달려갔다.

"패턴아, 죽으면 안 돼! 이 오빠를 두고 어딜 가려는 거야?"

"마법사님, 패턴 마녀가 동생이었어요?"

"네, 리원님. 써클 마녀의 꼬임에 빠져 나쁜 마법을 배우긴 했지만, 저한테는 아주 소중한 동생이랍니다."

시어핀 마법사가 패턴 마녀를 부축하자 패턴 마녀는 정신을 차리고 말하였다.

"여러분, 제가 못된 일을 한 것 같습니다. 이제야 써클 마녀의 마법에서 저도 해방이 되었네요. 그런데 써클 마녀가 리원님과 초롱님이 이 세상으로 들어온 차원의 문을 닫아 버리고 죽은 것 같습니다."

"차원의 문을요?"

"네, 우리 왕국으로 들어오셨던 문 기억하시죠? 우리 왕국과 리원님 나라는 1000년마다 한 번씩 차원의 문이 서로 연결되어 이동을 할 수 있게 됩니다. 그런데 써클 마녀가 그 차원의 문을 닫아 버리는 바람에 지금은 리원님이 다시 돌아가실 수 있는 방법이 없습니다. 또 이제 돌아가실 수 있는 시간도 이틀밖에 없습니다. 만약 이틀 안에 차원의 문을 열고 돌아가시지 못한다면 리원님은 1000년 동안 기하 왕국에서 지내셔야 합니다."

"안 돼요. 우리 엄마, 아빠, 친구들이 저를 무척이나 찾을 거예요.

기하 왕국의 규칙에 담긴 비밀

꼭 돌아가야 해요.”

나는 기하 왕국 사람들과 많이 친해졌지만, 가족들과 친구들을 못 본다고 생각하니 견딜 수가 없었다.

“그럼 리원님이 돌아갈 수 있도록 저와 오빠가 차원의 문에 대한 여러 문서를 뒤져서 해법을 찾도록 하겠습니다. 걱정되시겠지만 하루 동안은 모든 것을 잊고 쉬고 계십시오. 저희가 왕국 도서관에서 자료를 찾아서 다시 돌아오겠습니다.”

패턴 마녀와 시어핀 마법사는 우리를 두고 도서관으로 갔다.

남겨진 우리는 불안하고 걱정이 되었지만, 할 수 있는 일이 없었으므로 그저 그들이 해법을 찾아 돌아오기만을 기다릴 수밖에 없었다.

기하 왕국 퀴즈 7

프랙탈 연이 날 수 있는 것은 어떤 원리 때문인가요?

7. 써클 마녀의 마법을 풀어라!

차원의 문을 열어라!

뜬눈으로 밤을 새우고 다음 날 아침이 되자, 패턴 마녀와 시어핀 마법사가 돌아왔다.

"저희 남매가 어제 차원의 문에 대한 여러 자료를 찾았습니다. 결과부터 말씀드리면 차원의 문을 열 수 있을 것 같습니다. 그런데 차원의 문을 열기 위해서는 그 문을 통과하고자 하는 사람이 '차원'에 대해 이해를 해야 하고, 차원의 문에 대한 비밀번호를 입력해야 합니다. 저희가 같이 가면 좋겠지만, 그럴 경우 저희까지도 이동하게 되기 때문에 리원님과 초롱님이 차원에 대해서도 알고, 비밀번호도 찾으셔야 될 것 같습니다. 저희가 두 분에게 여러 가지에 대해 설명해 드리겠습니다."

"네. 알려 주시는 걸 최대한 빨리 익힐 테니 얼른 알려 주세요."

"그럼 시작하도록 하겠습니다."

시어핀 마법사는 칠판으로 다가가 설명하기 시작하였다.

"리원님은 우주의 생성 이론에 대해 알고 계신가요?"

"**빅뱅 이론**은 알고 있어요. 과학 책에서 봤어요."

"우주의 기원을 설명하는 이론은 여러 가지가 있고, 어떤 것이 맞는지는 확실치 않습니다. 다만, 리원님이 말씀하신 빅뱅 이론이 가장 적합한 이론으로 알려져 있습니다. 또 우주에는 **무엇이든 빨아들이는 곳이 있는데, 이곳을 '블랙홀'**이라고 합니다. 그리고 **블랙홀에서 빨아들인 것들이 나오는 곳을 '화이트홀'**이라고 하며, 이 **두 지점을 연결하는 것을 '웜홀'**이라고 합니다. 그래서 과학자 중에는 블랙홀로 들어가 웜홀을 통과해서 화이트홀로 나오면 시간 이동을 할 수 있다고 주장하는 사람도 있지만, 이것은 하나의 주장일 뿐입니다."

"그렇군요. 마법사님, 블랙홀-웜홀-화이트홀에 대해 조금 더 자세하게 설명해 주실 수 있으세요?"

"네, 조금 더 설명해 드리겠습니다. 블랙홀(black hole)이란 항성이 최후를 맞이하면서 한없이 수축하게 되어 모든 것을 그 중심으로 빨아들이는 것을 말합니다. 그 중심의 밀도가 너무 높아서 빛까지 빨아들이기 때문에 모든 것이 검게 보여서 블랙홀이라고 부릅니다. 과학자들은 블랙홀은 모든 것들을 빨아들이므로 우주 어딘가에는 그와 반대로 모든 것을 내뿜는 곳이 있을 것이라고 생각하고 있습니다. 이곳이 블랙홀의 반대라고 하여 화이트홀(white hole)이라고 부릅니다. 그리고 그것을 연결하는 통로를 벌레가 사과의 한 쪽에서 다른 쪽으로 구멍을 뚫어서 지나가는 것과 같다고 하여 웜홀(worm hole)이라고 이름 지었습니다. 이런 생각들은 ⊛ SF나 영화에 많은 영감을 주어 블랙홀을 통해 또 다른 세계로 우주여행을 한다는 설정을 가진 소설이나 영화가 많이 있습니다."

"아! 저도 영화나 드라마에서 주인공이 웜홀

⊛ SF
(Science Fiction)
과학적 내용과 공상적 줄거리(공상 과학)를 포함하는 소설. 공상 과학을 주제로 한 영화를 SF 영화라고 한다.

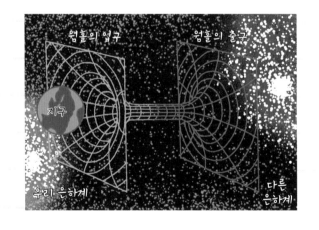

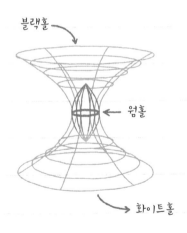

기하 왕국의 규칙에 담긴 비밀

을 통해 자신의 별로 이동하는 것을 봤어요."

"네, 많은 영화와 드라마에서 사용되고 있지요. 블랙홀은 실제로 존재하지만, 화이트홀은 가상의 이론으로 아직까지 발견된 것이 없습니다. 그리고 최근에는 스티븐 호킹(Stephen Hawking, 1942년~)이 작은 블랙홀은 화이트홀과 다름이 없다는 주장을 펼치기도 했습니다. 언젠가 화이트홀과 웜홀을 찾아낸다면 우주여행을 할 수 있을지 모르겠지만, 아직까지는 우리의 상상일 뿐입니다."

"그렇군요. 제가 알고 있는 빅뱅 이론이 우주의 생성 원리를 모두 알려 주는 줄 알았는데……."

"우주라는 곳은 아직 우리가 모르는 부분이 많습니다. 빅뱅 이론도 설명이 안 되는 부분이 있답니다."

"우주라는 곳은 생각할수록 신비해요."

"우리가 가 볼 수 없을 정도로 크기 때문일 겁니다. 리원님, '광년'이라는 말을 들어 보신 적 있죠?"

"네, '우리 지구로부터 몇 광년 떨어진 별'이라는 말을 뉴스에서 들어 본 적이 있어요."

"네, 맞습니다. 빛은 진공에서 1초 동안에 약 30만km를 가서 1년 동안 약 9.46×10^{12}km를 갑니다. 이 거리, 즉 **빛이 1년 동안 움직인 거리를 1광년**이라고 합니다. 얼마나 먼 거리인지 아시겠죠? 우리 태양계와 가장 가까운 알파 센타우리 항성계의 거리가 약 4.3광년이

183

라고 하네요."

"그렇게나 멀어요? 그럼 영화에서 다른 은하로 가는 건 어떻게 가능한가요?"

"〈스타트렉〉이나 〈스타워즈〉 같은 영화에서는 아주 빠른 속도로 다른 은하로 가기도 하는데, 이런 영화에서는 '워프항법'이라는 방법을 사용합니다. **'워프항법'**은 빛보다 10배나 빠르게 가는 방법인데, 빠르게 간다기보다는 **우주의 시공간을 왜곡시켜서 빛보다 빠르게 움직이는 것**입니다. 우리 왕국뿐만 아니라 리원님 세계의 과학자들도 이것을 많이 연구하고 있다고 합니다."

"왜곡시킨다는 것은 어떤 의미인가요?"

"리원님, 여기 있는 이 종이를 우리의 우주라고 하겠습니다. 이 종이의 끝에서 반대쪽 끝으로 가장 빠르게 가는 방법은 무엇인가요?"

"직선으로 가면 되지요."

"네, 지금 현재는 직선으로 가는 게 제일 좋은 방법이지요. 그런데 이 종이를 반으로 접는다면 종이의 양 끝은 만나겠죠? 이것처럼 우주를 접어서 빠르게 이동하는 방법입니다."

"그럼, 언젠가는 영화 속에서처럼 우주여행을 할 수 있겠네요."

"휴, 마법사님. 머리가 너무 아픈데 쉬었다 하면 안 될까요?"

초롱이가 머리를 절레절레 흔들며 말했다.

"초롱아, 힘들지만 시간이 많지 않으니까 조금만 참자!"

기차 왕국의 규칙에 담긴 비밀

"두 분 다 힘내시고, 이제부터 패턴 마녀가 설명해 드릴 겁니다."

패턴 마녀는 칠판 앞으로 와서 우리에게 설명하기 시작하였다.

"우리가 살고 있는 우주에 대해서 아주 간단히 말씀드렸으니, 차원에 대해 제가 설명해 드리겠습니다. 차원은 어떠한 물체나 공간의 세계를 수학적인 수치로 표현한 것인데요."

"수학적으로 표현했다는 것이 무슨 말인가요?"

"네, 이제 그것에 대해 자세히 설명하겠습니다. 여기 점이 있다고 합시다. 점은 넓이나 길이를 갖고 있나요?"

"점은 넓이, 길이 모두 없죠."

"네, 맞습니다. 따라서 그것을 표현할 수 있는 '축'이 하나도 없으므로 이것은 0차원입니다."

"축? 그게 뭐지요?"

"우리가 평면 도형을 표현할 때, 가로 세로 이렇게 말하지요? 이것처럼 도형을 알려 주는 방향이라고 생각하시면 됩니다."

"아, 그래서 점은 축이 없는 0차원이군요."

"네. 그리고 1차원은 축이 하나, 즉 1개의 방향만을 가지는 직선을 말합니다. 또 가로와 세로 두 방향을 가져 넓이를 표현할 수 있는 평면 도형들은 2차원이 되지요. 2차원에 높이라는 축을 추가하여 부피까지 표현 가능한 것이 입체 도형인 3차원입니다."

"마녀님, 이해가 안 되요."

초롱이가 머리를 갸우뚱거리며 말했다.

"그럼 제가 그림을 그려 가면서 설명해 드리겠습니다. 일단 0차원은 점이라고 생각하시면 되고요. 0차원의 점이 오른쪽으로 3만큼 갔다고 생각하면 1차원인 직선이 됩니다. 1차원의 직선에서 수직으로 같은 거리만큼 갔다고 생각하면 정사각형의 평면인 2차원이 됩니다. 또 2차원인 평면이 위로 같은 거리만큼 갔다면 정사각형 입체인 3차원이 되는 것입니다. 리원님이 살고 있는 세상이 3차원의 세계입니다."

"제가 사는 세상이 3차원이라고요? 그럼 4차원, 5차원도 있나요?"

기하 왕국의 규칙에 담긴 비밀

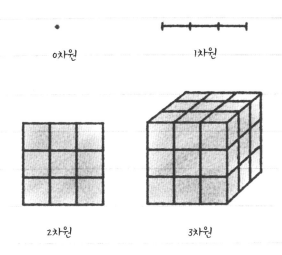

0차원   1차원

2차원   3차원

"우리가 살고 있는 세상이 3차원이므로 4차원의 세계를 이해하기는 힘들지만 이론적으로는 가능하다고 합니다. 실제로 우리가 살고 있는 우주는 12차원이 넘는다고 합니다."

"12차원이라고요? 4차원까지는 들어 본 것 같은데, 12차원이라니……."

"이해하기 힘드시죠? 우리가 살고 있는 3차원은 가로 축, 세로 축, 높이 축을 가지고 있는 공간인데, 여기에 시간의 축이 더해지면 4차원이 되는 것입니다. 4차원의 도형은 시간의 개념이 있어서 그릴 수는 없지만, 단면은 그릴 수 있습니다."

"단면을 그린다고요? 어떤 의미죠?"

187

★ 마우리츠 코르넬리스 에스허르
네덜란드의 판화가로, 수학적인 규칙을 가진 그림을 많이 그렸다.

"먼저 다음 그림을 잠깐 보세요. 이 그림은 리원님 세계의 예술가 ★ 마우리츠 코르넬리스 에스허르(M. C. Escher, 1898~1972년)의 작품으로, 1943년에 그려진 〈도마뱀〉이라는 작품입니다. 이 그림에서 보듯이, 한 평면에 무리를 지어 살던 악어 한 마리가 평면을 떠나 3차원 공간을 경험하고 다시 평면으로 돌아가는 그림입니다. 그렇다면 이 도마뱀은 정십이면체 위에서 자신의 무리를 보고 3차원 물체에 대한 인식을 평면 세계에 살고 있는 친구들에게 어떻게 설명할

기하 왕국의 규칙에 담긴 비밀

수 있을까요?"

"음……. 잘 이해가 안 돼요. 2차원의 물체가 3차원의 물체를 보고 설명을 한다……?"

"그럼 제가 단면이라는 것을 설명해 드릴게요. 만약 1차원의 직선을 자르면 무엇이 되나요?"

"당연히 점이 되지요."

"맞습니다. 1차원을 자르면 0차원의 점이 되지요. 그럼 2차원의 평면을 자르면, 1차원의 직선이 되겠지요. 그리고 3차원인 입체 도형의 단면은 2차원의 평면이 됩니다. 그렇다면 4차원의 단면은 어

차원	1차원	2차원	3차원	4차원
도형	선	평면 도형	입체 도형	?
단면	점	선	평면 도형	입체 도형

떻게 되지요?”

“4차원의 단면은 3차원이 될 것 같아요.”

“그렇기 때문에 4차원의 도형은 3차원에 살고 있는 우리들은 그리지 못하지만, 4차원의 단면인 3차원 도형을 그려 보면서 상상해 볼 수 있습니다. 여기 그림의 도마뱀들도 똑같이 생각하면 됩니다. 3차원 도형의 단면인 2차원의 평면이 움직였을 때 생기는 여러 단면들을 모아서 상상하면 3차원의 도형을 생각할 수 있는 겁니다.”

“아, 정확히는 모르겠지만 어렴풋이 이해는 돼요. 그럼 4차원의 단면을 그려 놓은 3차원의 도형들이 존재하겠네요.”

“네, 당연히 존재하지요. 이렇게 우리가 4차원 이상의 차원을 상상할 수 있겠죠.”

4차원 이상의 세계는 어떨까를 상상하고 있을 때 패턴 마녀가 물었다.

“리원님, ‘뫼비우스 띠’와 ‘클라인 병’이라는 것에 대해 아세요?”

“뫼비우스 띠는 들어 봤는데, 클라인 병은 처음 듣는 것 같아요.”

“뫼비우스 띠는 좁고 긴 직사각형 종이를 한 번 꼬아서 끝을 붙여 하나의 면을 가진 곡면이 되는 것을 말합니다. 안쪽과 바깥쪽의 구별이 없어서 한 쪽에서 시작하여 선을 그려 나가면 바깥쪽과 안쪽 모두에 선을 그릴 수 있답니다. 이 뫼비우스 띠는 독일의 수학자 아우구스트 페르디난트 뫼비우스(Augustus Ferdinand Möbius, 1790~1868년)

기하 왕국의 규칙에 담긴 비밀

가 만들었습니다."

"네, 지금 보니 뫼비우스 띠는 만들어 본 적이 있어요."

"뫼비우스 띠가 2차원의 방향을 정할 수 없는 평면이라면, 클라인 병은 3차원의 방향성을 설명할 수 없는 것입니다. **클라인 병은 두 개의 뫼비우스 띠의 경계를 붙여서 만들어지는데, 병의 내부와 외부가 연결되어 있는 구조입니다.** 이렇게 현재의 차원에서는 설명되지 않는 것이 많은 것 또한 더 높은 차원이 있다고 생각하는 이유이기도 합니다."

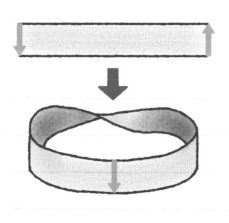

뫼비우스 띠

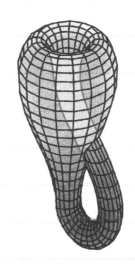

클라인 병

"아, 그렇군요. 그러면 기하 왕국을 만든 프랙탈 도형은 몇 차원인가요?"

"역시 리원님이세요. 저희가 차원의 문을 열기 위해서 알아야 할 것이 프랙탈 도형들의 차원입니다. 지금까지 0, 1, 2, 3, 4차원 같은 식의 차원에 대한 설명을 해 드렸는데, 프랙탈 도형은 지금까지와는 다른 분수의 차원을 가집니다."

"분수의 차원요? $\frac{1}{2}$, $\frac{1}{3}$ 같은 분수를 말씀하시는 거예요?"

나는 내가 알고 있는 분수가 다른 뜻이 있는 건가 싶어 물었다.

"그 분수가 맞습니다. 또한 분수는 소수로 바꿀 수 있는 거 아시죠?"

"네, 분수는 $\frac{★}{○}$ 이런 식으로 쓰고, 밑의 수를 분모, 위의 수를 분자라고 하죠. 그리고 $\frac{1}{10}=0.1$, $\frac{2}{10}=0.2$라고 소수로 쓸 수 있잖아요. $\frac{1}{5}$과 같이 분모가 10이 아닌 분수는 분모를 10으로 만들 수 있는 수를 분모와 분자에 똑같이 곱해 주면 소수로 고칠 수 있어요. $\frac{1\times2}{5\times2}=\frac{2}{10}$ 이렇게 바꾼 다음에 0.2로 쓰지요."

"리원님, 잘 알고 계시네요. 프랙탈 차원은 분수의 차원이기도 하고 1.5, 1.25 등과 같이 바꿔서 말할 수 있어서 소수의 차원이기도 합니다."

"분수와 소수는 알겠는데, 어떻게 분수의 차원이 있다는 건지 이해가 잘 안 되요."

"차원을 구하는 공식은 리원님이 이해하시기에 너무 어려우므로

기하 왕국의 규칙에 담긴 비밀

쉽게 설명해 드리겠습니다. 먼저 그림으로 왜 분수와 소수가 나오는지 알아볼까요?"

"네!"

내 대답이 맘에 들었는지 패턴 마녀는 만족한 웃음을 지으며 설명을 이어 나갔다.

"일단 '칸토어 집합'과 '시어핀 삼각형'으로 설명해 보겠습니다. 칸토어 집합은 1차원인 직선을 3등분하여 가운데 부분을 지워 나가는 것으로 그림으로 이렇게 표현이 됩니다. 그렇다면 1차원이 지워져 나가므로 1차원보다는 작아지고, 점이 무한 개가 됩니다. 이것은

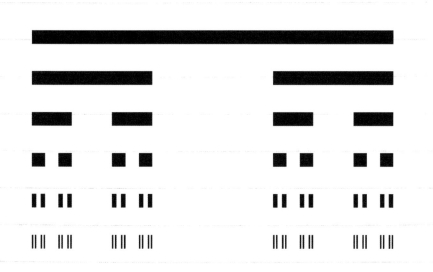

칸토어 집합

몇 차원일까요?"

"음, 1차원 아닌가요?"

"아닙니다. 수많은 점들이 계속 생기면서 선처럼 보이게 됩니다. 하지만 실제로는 선이 아니고, 점이라고 표현하기도 힘들죠? 이것은 이해가 되시나요?"

"네, 선을 계속 빼서 나가는 것이니, 무한히 나갔을 때 자세히 본다면 점처럼 보이고, 멀리서 본다면 선처럼 보이겠네요."

> ⭐ **중점**
> 선분 위에 있으면서 선분의 양 끝에서 같은 거리에 있는 점. 이등분점이라고도 한다.

"맞습니다. 이처럼 0차원인 점보다는 크지만 실제로는 1차원인 선은 아니므로, 0과 1차원 중간의 차원을 가지게 되는 것입니다."

"아, 그렇겠네요."

"이와 마찬가지로 **시어핀 삼각형도 2차원인 평면에서 시작하여 각 변의 ⭐ 중점을 연결하여 생기는 역삼각형을 제외해 나가는 것입니다.** 무한히 계속 빼 나간다면 언젠가는 평면이 사라질까요?"

"네, 무한히 나가면 아예 사라지는 것 아닌가요?"

"무한히 나간다는 것은 우리가 볼 수는 없지만, 더 작은 부분을 빼 나간다는 것입니다."

"아! 우리 눈에 보이지는 않지만, 평면 도형이 실제로는 있다는 것이군요. 아까 칸토어 집합과 같이 가까이 보면 삼각형의 모양이

시어핀 삼각형

있지만, 멀리서 보면 선으로 보이는 것이군요."

"맞습니다. 평면 도형인 2차원보다는 작아지지만, 실제로 직선인 1차원이 되는 것은 아닙니다. 따라서 평면인 2차원보다는 작지만 직선인 1차원보다 크므로 1과 2 사이의 차원이 되는 겁니다. 실제로 칸토어 집합은 약 0.6308차원을, 시어핀 삼각형은 약 1.5849차원을 가집니다."

"와, 신기하네요. 그럼 차원을 구하는 방법을 가르쳐 주실 수 있나요?"

"프랙탈 차원을 구하는 방법은 리원님이 배우지 않은 공식들이 많아서 너무 어렵답니다. 제가 이것을 알려드리는 것보다는 아까 설명해 드린 부분만 이해하시는 게 나을 것 같습니다. 정확한 차원을 구하는 것이 중요한 것이 아니고, 분수(소수) 차원을 이해하는 것이 중요하니까요. 리원님, 차원을 구하기는 어렵지만 차원의 문을 통과하시려면 제가 말씀해 드린 몇 개의 프랙탈 차원을 외워 두시면 될 것 같습니다."

195

"또 궁금한 게 있는데, 지금까지 알려 주신 프랙탈 도형 말고 다른 프랙탈 도형들이 많은가요?"

"프랙탈 도형은 많지만, 많이 알려진 것들이 지금까지 설명해 드린 것과 시어핀 삼각형의 입체 모형인 시어핀 피라미드가 있습니다. 얼마 전에 만드신 프랙탈 연이 그것입니다. 그리고 **멩거스펀지** **라고 정육면체의 중앙을 빼 나가는 것**이 가장 유명합니다."

"네, 고마워요. 마법사님, 패턴 마녀님."

"초롱이님도 지금까지 이야기한 것들 이해하셨죠?"

"네, 세상에서 제일 똑똑한 강아지가 된 것 같아요. 하하."

"이제 리원이와 초롱이를 차원의 문으로 데리고 가야겠어. 시어핀 마법사와 패턴 마녀 둘은 여기 남아서 써클 마녀가 저질러 놓은 것들을 마무리하시오."

"네, 왕자님. 왕자님은 차원의 문이 있는 동굴로 들어가시면 절대

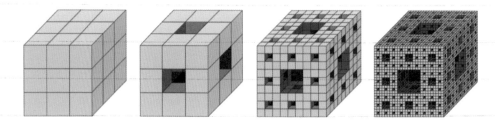

멩거스펀지

기하 왕국의 규칙에 담긴 비밀

여러 가지 프랙탈 도형

8. 차원의 문을 열어라!

안 됩니다. 차원의 문이 작동하게 되면 그 동굴에 있는 모든 사람은 다른 세계로 이동하게 됩니다. 그럴 경우 왕자님이 리원님의 세계로 가서 돌아오실 수 없게 됩니다."

"알았어, 걱정 마."

저녁 무렵, 나와 프랙 왕자, 초롱이는 우리가 처음 기하 왕국을 들어올 때 지났던 차원의 문을 향해 힘차게 발걸음을 옮겼다. 차원의 문이 있는 동굴에 도착하자 프랙 왕자가 말했다.

"리원아, 초롱아! 이제는 우리가 헤어져야 할 시간인 것 같아. 너무 고맙고, 보고 싶을 거야."

"나도. 프랙 왕자, 이번 여행을 통해 많은 것을 알게 되었어. 고맙고, 다시 만날 수 있길 바라."

"나도 나도. 많은 도움을 못 준 것 같지만, 다음에도 무슨 일 있으면 이 초롱님을 불러 줘."

"그래, 모두 잘 가."

나와 초롱이는 동굴 안으로 들어갔다. 그곳에는 차원의 문이 있었다. 올 때는 몰랐는데, 차원의 문에는 시어핀 마법사를 닮은 시어핀 삼각형이 그려져 있고, 5개의 숫자를 넣을 수 있게 홈이 있었다.

"리원아, 차원의 문에 암호를 넣으면 우리 세계로 돌아가는 것 같아."

기하 왕국의 규칙에 담긴 비밀

"그래! 암호가 뭘까?"

나와 초롱이는 한동안 서로를 쳐다보며 암호가 무엇일지 고민해 보았다.

"아, 맞다! 이 문의 그림이 시어핀 삼각형이니까, 시어핀 삼각형 차원의 수가 암호일 것 같아! 시어핀 삼각형의 차원이 1.5849였으니 1, 5, 8, 4, 9의 숫자를 넣어 보자!"

초롱이와 나는 돌로 된 숫자판을 문의 홈에 순서대로 끼워 넣었다. 그러자 차원의 문이 열리며 환해졌다. 그리고 나는 정신을 잃었다.

기하 왕국 퀴즈 8

프랙탈이 자연수(1, 2, 3) 차원이 아닌 분수(소수)의 차원이 되는 이유는 무엇일까요?

199

시어핀 피라미드를 만들어 봅시다.

시어핀 피라미드는 정사면체가 반복되는 구조이므로 정사면체 전개도만 있으면 쉽게 만들 수 있어요.

1. 정삼각형 4개로 이루어진 정사면체의 전개도를 이용하여 정사면체를 만든다.

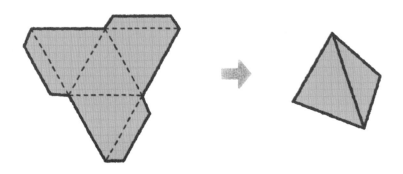

2. 1단계의 시어핀 피라미드는 총 4개의 정사면체를 서로 테이프를 이용하여 붙여 주면 된다.

3. 2단계 시어핀 피라미드는 1단계의 시어핀 피라미드 4세트를 만들어서 붙여 주면 된다.

4. 3단계 시어핀 피라미드는 2단계의 시어핀 피라미드 4세트를 만들어 붙여 주면 된다.

5. 이런 과정을 계속 반복하면 매우 큰 시어핀 피라미드를 만들 수 있다.

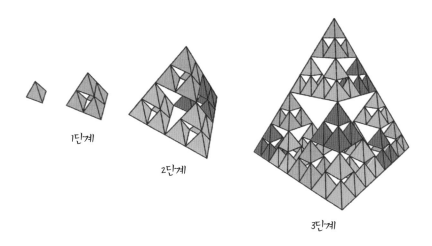

1단계

2단계

3단계

다만 여기서 알아야 할 것이 단계가 높아질수록 시어핀 피라미드가 크게 만들어지는데, 원래의 시어핀 피라미드는 그렇지 않다는 거예요. 원래는 하나의 정사면체에서 점점 역삼각형을 빼 나가는 것으로 전체의 크기는 변하지 않아야 해요. 하지만, 우리가 도형을 뺀다는 것이 어렵기 때문에 반대로 만들어 가면서 형태를 이해하다 보니 단계가 높아질수록 크기가 커지는 것이랍니다.

달라진 일상

"리원아! 아침인데 안 일어나니? 학교 늦겠다."

엄마의 목소리에 깜짝 놀라 눈을 뜨고 주변을 둘러보았다. 나는 내 침대에 누워 있고, 초롱이가 나를 보고 짖고 있었다.

'꿈이었구나……'

나는 침대에서 일어나 방을 나가려고 하였다. 그런데 내 주머니에 무엇인가가 들어 있는 것이 느껴졌다.

꺼내 보니 프랙 왕자가 나에게 준 프랙탈 카드였다.

"초롱아! 이것 좀 봐. 우리가 기하 왕국에 다녀온 게 꿈이 아니었구나!"

초롱이도 나를 보며 꼬리를 흔들었다.

‘응, 꿈이 아니었어.’
라고 말하는 것 같았다.

나는 아침을 먹고 학교로 향했다.

"안녕! 리원아, 오늘 무슨 좋은 일 있어?"

뒤를 돌아보니 내 짝꿍인 경원이가 나를 보고 손을 흔들고 있었다.

"뭐 특별한 건 없는데, 왜 내가 기분 좋아 보여?"

"응, 오늘은 콧노래를 부르면서 학교를 가고 있길래. 매일 아침마다 시무룩한 표정이더니, 진짜 무슨 일이야?"

"비밀이야. 나만의 비밀!"

"단짝 친구인 나한테도 비밀인 거야?"

"나중에 기회가 되면 알려 줄게. 어! 학교 늦겠다. 얼른 가자."

경원이와 함께 학교로 향했다. 학교에 오니 오늘은 서경이가 먼저 와서 자리에 앉아 있었다.

"리원이, 경원이, 안녕!"

"서경이도 안녕!"

이때 선생님이 교실로 들어왔다.

"자! 어제 우리는 모둠별로 분류 기준을 정하고, 그 기준에 의해 식물들을 분류해 보았지요. 오늘은 그 결과를 가지고 모둠별로 자료를 만들어서 발표하는 시간을 갖도록 하겠어요."

"서경아, 경원아! 어제 우리가 잎의 모양하고 잎맥의 모양으로 분류를 했었지?"

"응, 두 가지 기준으로 분류했었어."

"우리 발표 자료 얼른 만들자. 발표는 내가 할게."

"리원이가 웬일이야? 원래 발표하는 거 싫어하잖아."

서경이와 경원이는 서로를 쳐다보며 어리둥절한 표정을 지었다.

"내가 언제? 나 발표 좋아해."

기하 왕국의 규칙에 담긴 비밀

나는 어깨를 으쓱했다.

'내가 변한 이유를 너희는 모를걸?'

과학 시간이 끝나고 수학 시간이 되었다. 선생님은 여러 평면 도형의 넓이를 구하고 그것의 관계를 알아보는 수업을 진행하였다.

"자! 사다리꼴의 넓이는 어떻게 구하죠?"

아이들은 모두 동시에 대답했다.

"윗변 더하기 아랫변 곱하기 높이 나누기 2입니다."

"자, 그럼 왜 이런 공식으로 구해야 하는지 아는 사람 있나요?"

나는 자신 있게 손을 들었다.

"리원이 한번 대답해 볼래요?"

"네, 선생님. 지금 칠판의 사다리꼴을 하나 더 그려서 뒤집어서 붙이면 지금 사다리꼴 넓이의 두 배가 되는 평행사변형이 됩니다. 평행사변형의 넓이는 (가로)×(높이)인데, 사다리꼴의 (윗변+아랫변)이 가로가 되는 것입니다. 그리고 원래 사다리꼴 넓이의 두 배이므로 2로 나누어 주면 됩니다."

나의 대답이 끝나기 무섭게 아이들로부터 감탄사가 일제히 흘러나왔다.

"와아!"

"아주 잘했어요."

선생님도 나를 칭찬해 주었다.

어느새 한 달이라는 시간이 흘렀다. 지금도 매일매일 학교 가는
것이 즐겁다. 수업 시간에 듣는 선생님의 이야기도, 친구들과의 대

기다려! 프랙 왕자.
명랑 소녀 리원이가
곧 갈 테니까!

기하 왕국의 규칙에 담긴 비밀

화도 너무나 재밌다. 그동안 수학을 어려워했던 날이 있었는지조차 생각이 나지 않는다.

쉬는 시간에 하늘을 쳐다보았다. 하늘에 구름이 두둥실 떠다니는 것을 보니 기하 왕국에서 경험했던 일들이 생생하게 생각나면서 프랙 왕자가 보고 싶어졌다.

'수학 공부 열심히 해서 기하 왕국으로 가는 차원의 문을 찾아야지. 기다려! 프랙 왕자. 명랑 소녀 리원이가 곧 갈 테니까!'

퀴즈 정답

기하 왕국 퀴즈 1

기하 왕국의 상징인 나리가 대표적으로, 나리를 반으로 잘라 보면 꽃잎, 암술, 수술의 배치까지 정확하게 꽃대칭을 이루고 있습니다. 이외에도 불가사리, 사과, 나비 등이 있답니다.

기하 왕국 퀴즈 2

정오각형은 평면을 채울 수 없습니다. 그 이유는 평면을 채우기 위해서는 도형들을 붙였을 때 빈 공간이 생기지 않아야 하는데, 그러기 위해서는 360°를 도형의 내각으로 나눌 수 있어야 해요. 정삼각형, 정사각형, 정육각형의 내각은 60°, 90°, 120°로 360°를 나눌 수 있지만, 정오각형의 내각은 108°로 360°를 나눌 수 없기 때문에 평면을 채울 수 없는 것이지요.

기하 왕국 퀴즈 3

기하 왕국의 상징인 피타고라스 나무가 움직여도 그 넓이는 변하지 않습니다. 왜냐하면 피타고라스 나무의 각 정사각형의 넓이는 변하지만, 한 정사각형의 넓이가 줄어들면 다른 정사각형의 넓이가 늘어나면서 피타고라스의 정리인 $c^2 = a^2 + b^2$을 만족하기 때문입니다.

기하 왕국 퀴즈 4

나뭇가지는 원형 모양으로 되어 있어서 우리가 보기에는 더 먼 거리를 자라는 것처럼 보이지요. 하지만 실제로 나팔꽃 줄기가 지나간 자리를 원형 모양에서 직사각형으로 바꾸어 생각해 보면 직사각형의 대각선에 해당되어 최단 거리가 된답니다.

기하 왕국 퀴즈 5

첫 번째로 찾은 프랙탈 구조는 눈송이였어요. 눈송이는 코흐 곡선과 같은 모양으로 이루어져 있어요.

두 번째는 고사리였지요. 고사리는 전체적인 잎과 작은 잎이 서로 자기 유사성을 가지고 있어요.

세 번째는 물 분자의 운동이었어요. 물 분자는 자유롭게 움직이는 것 같지만, 일정한 규칙을 가지고 프랙탈 모양으로 운동을 한답니다.

기하 왕국 퀴즈 6

동일한 부피로 더 많은 표면적을 가질 수 있습니다. 우리 폐의 경우 폐포라는 주머니를 만들어 공기와의 접촉면을 넓혀서 효율적으로 산소를 우리 몸에 공급하고 있습니다.

기하 왕국 퀴즈 7

베르누이 효과 때문에 날 수가 있답니다. 아래쪽의 공기와 위쪽의 공기가 물체를 지나가는 속도가 달라서 물체를 떠오르게 하는데, 이 원리로 무거운 비행기도 날 수 있는 것이지요.

기하 왕국 퀴즈 8

칸토어 집합으로 설명해 보면, 먼저 선은 1차원이에요. 그리고 선을 3등분해서 중간을 계속 빼 나간다고 생각할 경우, 무한히 빼 나가면 선은 점처럼 보이지만 점은 아니므로 0차원과 1차원의 중간인 분수(소수) 차원을 갖게 되는 것이랍니다.

새로운 수학·과학 교육의 패러다임

"지구는 둥근 모양이야!"라고 말한다면 배운 것을 잘 이야기할 수 있는 학생입니다.

"지구가 둥글다는 것을 어떻게 알게 되었나요?"라고 질문한다면, 그리고 그 답을 스스로 생각해 보고 궁금증에 대한 흥미를 느낀다면 생활 주변에서 배우고 성장할 수 있는 학생입니다.

미래 사회는 감성과 창의성으로 학문의 경계를 넘나드는 융합형 인재를 필요로 합니다. 단순한 지식을 주입하지 않고 '왜?'라고 스스로 묻고 찾아볼 수 있어야 합니다.

미국, 영국, 일본, 핀란드를 비롯해 많은 선진 국가에서 수학과 과학 융합 교육에 힘쓰고 있습니다. 우리나라에서도 창의 융합형 과학 기술 인재 양성을 위해 교육부에서 융합인재교육(STEAM) 정책을 추진하고 있습니다.

융합인재교육(STEAM)은 과학(Science), 기술(Technology), 공학(Engineering), 예술(Arts), 수학(Mathematics)을 실생활에서 자연스럽게 융합하도록 가르칩니다.

〈수학으로 통하는 과학〉 시리즈는 융합인재교육(STEAM) 정책에 맞추어, 수학·과학에 대해 학생들이 흥미를 갖고 능동적으로 참여하며 스스로 문제를 정의하고 해결할 수 있도록 도와주고 있습니다.

스스로 깨치는 교육! 과학에 대한 흥미와 이해를 높여 예술 등 타 분야를 연계하여 공부하고 이를 실생활에서 직접 활용할 수 있도록 하는 것이 진정한 살아 있는 교육일 것입니다.

사진 저작권

38쪽   나리 ©①◎ Denis Barthel

41쪽   사과 ©①◎ Rasbak

41쪽   나비 ©①◎ Brocken Inaglory

42쪽   넙치 Paul Louis Oudart

60쪽   테셀레이션1 ©①◎ A2569875

60쪽   테셀레이션2 ©①◎ Piazzalunga

60쪽   테셀레이션3 ©① Jorge Jaramillo

65쪽   겹눈 ©① Opo Terser

122쪽 나팔꽃 © 꽃과 동물 과학사랑 네이버 블로그

141쪽 고사리 ©①◎ Sanjay ach

149쪽 인체 모형: 본 이미지는 쓰리비싸이언티픽코리아(주)로부터 사용승낙을
        받은 것이며 한국 내에서만 사용합니다. www.3bscientific.kr, www.3bs.kr

149쪽 뇌 ©① Allan Ajifo

188쪽 도마뱀 ©① Escher

197쪽 프랙탈1 ©①◎ garlandcannon

197쪽 프랙탈2 ©①◎ bendazz

197쪽 프랙탈3 ©① DavidNeilMoorhouse

197쪽 프랙탈4 ©①◎ bendazz

197쪽 프랙탈5 ©① Ken

197쪽 프랙탈6 ©① Ken

기하 왕국의 규칙에 담긴 비밀

9 수학으로 통하는 과학

기하 왕국의 규칙에 담긴 비밀

ⓒ 글 김주창, 2015
ⓒ 그림 방상호, 2015

초판 1쇄 발행 2015년 3월 20일
초판 6쇄 발행 2022년 12월 1일

지은이 김주창
그린이 방상호
펴낸이 정은영

펴낸곳 |㈜자음과모음
출판등록 2001년 11월 28일 제2001-000259호
주소 10881 경기도 파주시 회동길 325-20
전화 편집부 (02)324-2347, 경영지원부 (02)325-6047
팩스 편집부 (02)324-2348, 경영지원부 (02)2648-1311
이메일 jamoteen@jamobook.com
블로그 blog.naver.com/jamogenius

ISBN 978-89-544-3147-7(44400)
        978-89-544-2826-2(set)

이 도서의 국립중앙도서관 출판시도서목록(CIP)은 서지정보유통지원시스템
홈페이지(http://seoji.nl.go.kr)와 국가자료공동목록시스템(http://www.nl.go.kr/kolisnet)에서
이용하실 수 있습니다.(CIP제어번호: CIP2015006738)